買い物がラクになる
マイルールの見つけかた

わたしの〝ちょうどいい〟モノ選び

整理収納
アドバイザー
Emi

集英社

整理収納、片づけも、
もちろん大事だけれど、
実は一番大事なのは
「モノ選び」の視点。

それは、家具や雑貨、
洋服だけではなく、
食べるものや日用品、
生活に必要な
すべてのモノも同じ。

家の中に入ってくる
「モノ」を、
ひとつひとつ自信を持って
選べるようになると、
暮らしがいいふうに
変わり始めます。

はじめに

この1年半、家で過ごす時間が長くなり、オンラインでの買い物がぐんと増えた方も多いと思います。食品や生活用品、以前は店舗で買うことが多かった家具や洋服も。

そんな中「サイズを間違えて買ってしまった……」「必要だと思って買ったものの、使わず後悔……」という声もたくさん耳にしました。

私は、大手通販会社で商品企画の仕事を9年経験。２０１２年、趣味として綴っていた片づけと暮らしのブログ「ＯＵＲＨＯＭＥ」をきっかけに、整理収納アドバイザーとして独立しました。現在はオンラインショップと、兵庫県西宮に実店舗を構え、オリジナルの商品を企画し、代表である夫とスタッフ18人と、安心してお買い物していただける「顔の見えるお店」を目指し、運営しています。

独立した当初、お客様のご相談に乗りながら、「片付けの問題は、ほとんど『モノ選び』で解決できる！」ということに気づきました。

例えば、

・鍋の数が多くて扉が閉まらない

↓できるだけ多用途の鍋を買えば、ひとつ出しておくだけでいい

・たくさんある洗剤のストックの収納はどうしたらいい？

↓場所ごとに洗剤を変えず、いろいろな場所で使える洗剤をひとつだけストックしておくようにすると、収納も管理もラク

最初の「モノ選び」の時点でしっかりした考えがあれば、長く使えてエコ。さらに片づけにも困りません。

私自身は商品企画の経験から、買い物のルールの整理が得意な方かもしれません。でも……なかなかその「買い物」「モノ選び」のマイルールを自分で見つけるのが難しい方が多いと気づき、「自分に落とし込める買い物のルールを見つけてほしい！」と、「モノ選び」のレッスンを始めました。その内容をぎゅっと濃縮してお届けするのが、この17冊目の著書となります。

みなさんに買い物のルールを見つけてもらい、「これでいい」ではなく「これがいい！」と自信を持ってモノを選ぶ喜びを感じていただけたら、とてもうれしく思います。

Ｅｍｉ

Contents

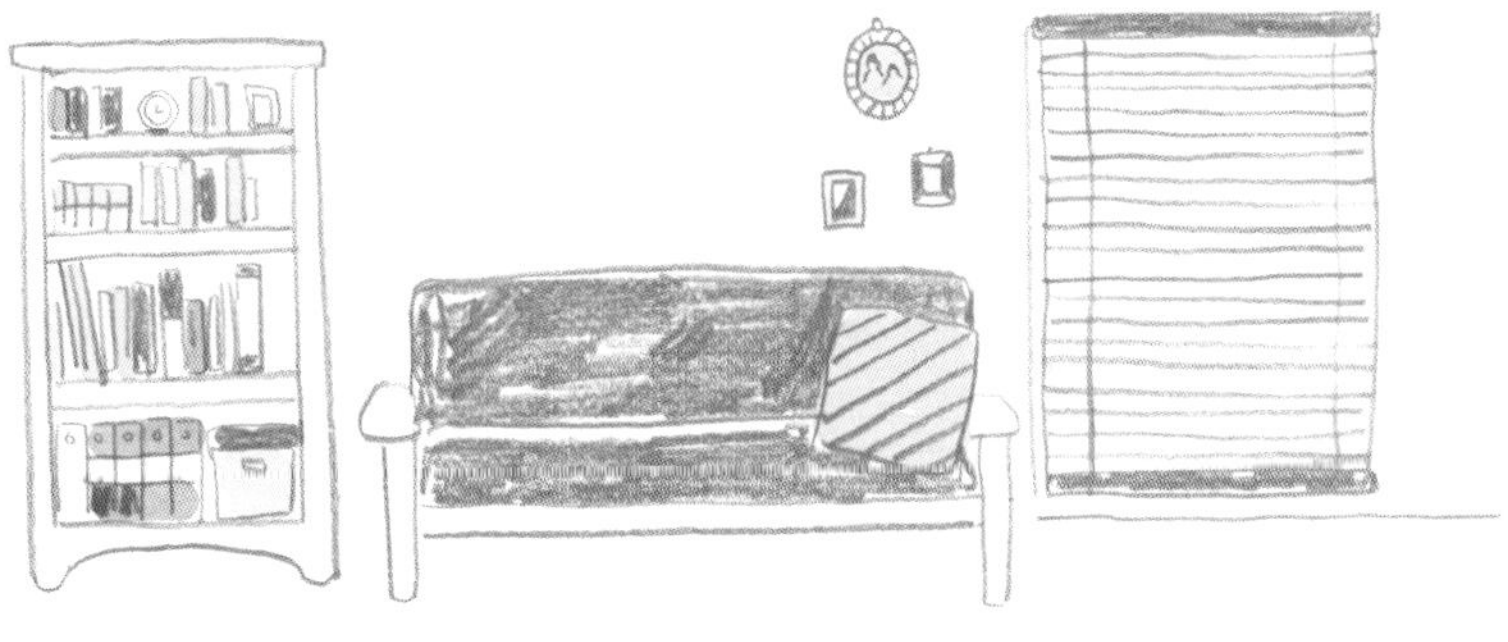

紙とペンだけ
用意すればOK!

「買い物のルール」が
見つかる
モノ選びのレッスン、
スタートします!

「『モノ選び』のルールを見つけるレッスン」では、私のモノ選びの視点や考え方をお伝えし、参加者の方に、ご自身の「買い物ルール」を見つけていただくワークショップを行っています。2020年からオンラインでも開講。ほかのレッスンも含め、1年で1500名の方にご参加いただきました。

Part1

こんな買い方、していませんか?

Q1

いつの間にか部屋がそんなに好きじゃないモノであふれ返っている……。

「好きなモノに囲まれてすっきり暮らすのが理想だけれど、いつの間にかそんなに好きじゃないモノが部屋にあふれて、なんだかモヤモヤ……。

　景品でもらったポスターやぬいぐるみ、送料無料にするために数合わせで買った消耗品、カタログギフトの申し込み期限が迫ってとりあえず選んだお鍋セット……。

「お金を出して買おうとは思わないけど、無料だからもらっておこう」「もし使わなくても、実家の母にゆずればいいか」と選んだモノが気づいたら5年、10年置いたまま。

　いつの間にか部屋がお気に入りではないモノに占領されています！」

Answer

意志のある
モノ選びをしよう！

すべてのモノは自分が選んで家に入れたもの

ペンひとつとっても「なんとなく選んだモノ」より「とびきり好きで心地のいいモノ」を使っていると気分が良い。

購入履歴を振り返ってみよう

勉強と同じで「モノ選び」も復習が大切。購入履歴を見て、どんなときに「そんなに必要でないモノ」を買ってしまったのか振り返ろう！　同じ失敗を防げます。

部屋の写真を撮って客観的に部屋を見てみよう

部屋がすっきりしないことにモヤモヤするなら、その場所を写真に撮ろう。直接見るより気づきが多く、家にどれだけ「なんとなく選んだモノ」があるかわかりやすい。

いつの間にか増えているようでも、モノがトコトコと歩いて勝手に家に入ってきたのではないはず。すべてのモノを「家に入れる」「部屋に置く」決断をしたのは、まぎれもなく自分自身。部屋にかかっているカーテン、お茶を飲むコップ……。すべて自分の意志で選んだモノなのです。
なんとなく家に入れてしまう前に、「無料だけど、わが家には合わないからやめておこう」「とりあえず買おうとしていたけれど、もっと気に入るモノを探そう」とひと呼吸おいて「意志のあるモノ選び」ができるように心がけたいですね。私も昔は無料でもらえるモノを喜んで使っていましたが、引っ越しをするときに「新居に持っていきたいほどのお気に入りではない」と気づき反省。モノ選びが「これでいい」ではなく「これがいい！」に変わりました。

Q2

便利そうなモノをついポチッと買ってしまい、専用グッズが増えて困る。

「テレビの通販番組で紹介される便利グッズに、ついつい惹かれてしまいます。SNSで話題のモノも、「そんなに良いなら買ってみようかな」と欲しくなりがち。夜な夜な、子どもが寝静まったあとにネットショップでポチッと……。

　便利グッズや話題の商品を次々に買ってしまい、気付いたときには収納スペースがパンパン！　モノがあふれて暮らしにくくなっています。

　せっかく買ったものの、あまり使わないモノも多く「またムダ遣いをしてしまった」と自己嫌悪に陥ることも……」

Answer

すぐ買う前に、今あるモノで代用してから考えよう

連想ゲームで代用品を見つけ出す

「何が欲しい？」→「それはどんな機能？」→「家の中にその機能を持つモノはある？」と連想ゲームをしていくと見つかりやすい。ネットで「○○　代用」と入力し、検索するのもおすすめ。

たとえば……

ネックウォーマー＆ポーチをPCケースに

息子のPCケースはネックウォーマーのクッション性を活かしてリメイク。底を縫い、手持ちのポーチに入れてできあがり！

アルミマットをヨガマットに

アウトドア用マットとヨガマットの形が似ていたので、2年間代用。毎日使うとわかり、改めてヨガマットを購入。

→

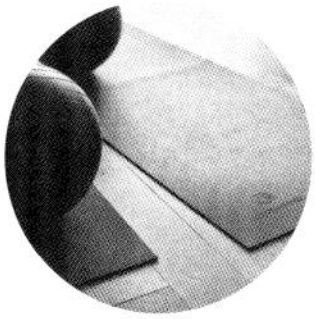

「○○専用」のグッズはわかりやすく、人の目に留まりやすいもの。だからこそひと呼吸おいて「本当に使う？」と考える必要があります。毎日使うなら良いのですが、年に1、2回しか使わないモノのためにスペースを割くのはもったいないですよね。

何かの専用グッズが欲しいなと思ったときにおすすめなのは、「家の中にあるモノで代用できないか？」と考えること。欲しいモノの機能を思い浮かべ、連想ゲームをしていくと、何かしら代用できるモノが見つかります。

代用品が使いやすければそのまま使い続けるのも良し、よく使うとわかったら、改めて「専用のモノ」を買うのも良し。お試し期間を経ることでサイズや素材などの条件がはっきりし、より満足できるモノが選べるようになります。

Q3

日用品のストックは既にあるのに、セールで安くなっているとつい買ってしまう……。

「自宅にストック品が山積みで自分でも在庫を把握できていません。

また、目を引く広告や、セットで買うと安くなるようなセールを見ると「買わないと損?」と思いがち。

テレビや雑誌で「今買うべき!」という特集を見ても、ついつい焦って買いたくなってしまいます。

結局ひと部屋まるごと倉庫として使っていて、自由に使えるスペースを圧迫してしまい……。

消費しないまま時間が経ってしまったモノもたくさんあり、ちょうどいいストックの量がわかりません!」

Answer

必要なモノを必要なときに必要なだけ買おう！

スペースにも家賃を払っている

モノを置くスペースにも家賃や住宅ローンが発生しています。使いきれないほどのストックのためにスペースを使うより、家族でゆったり過ごすスペースとして活用する方が有意義です。

日用品リストをつくってみよう

使っている日用品をリストアップしてみましょう。月に一度リストをチェックし、まとめて購入すれば、1ヶ月に必要な量が把握しやすくなります。買い物にかかる時間もぐっと短縮！

セールや広告を見かけると「安く買わないと損」と思いがちですが、お金を払っているスペースに余計なモノや使わないモノを置くことで、暮らしにくくなってしまう方が、「もったいない」ことではないでしょうか。

　わが家では毎月1回「日用品リスト」をチェックして、必要なモノだけ購入。街でセール品を見かけても購入せず、過ごしやすい空間をキープできるように気をつけています。

　ストックが多くても自由に使えるスペースが充分確保できているなら問題ありません。

　自分の暮らしを見つめ直し「わが家の適量」を探したいですね。

　災害に備えて備蓄をするのも「能動的なストック」なので問題なし。

　広告や情報に「惑わされる」「買わされる」ことなく、家も心もすっきりと暮らせることが大切です。

Q4

「だいたいこのくらいかな？」と、サイズの合わないものを買ってしまう……。

「ふらっと入った人気インテリアショップでかわいい収納棚を発見！　思わず衝動買いしたものの、予定していた設置スペースより5センチ大きくて入らなかった……。

「たぶん大丈夫」となんとなくのサイズ感で購入したカーテン。いざ窓にかけてみると、微妙に寸足らずで何となくモヤモヤ……。

合わないサイズのモノを買って失敗するのも嫌ですが、きちんとサイズを測ってから買い物に行くのも面倒です。

出先でも、欲しいモノや置きたい場所のサイズを簡単に確認したい！」

Answer

サイズを測るためのラクな方法を知っておこう！

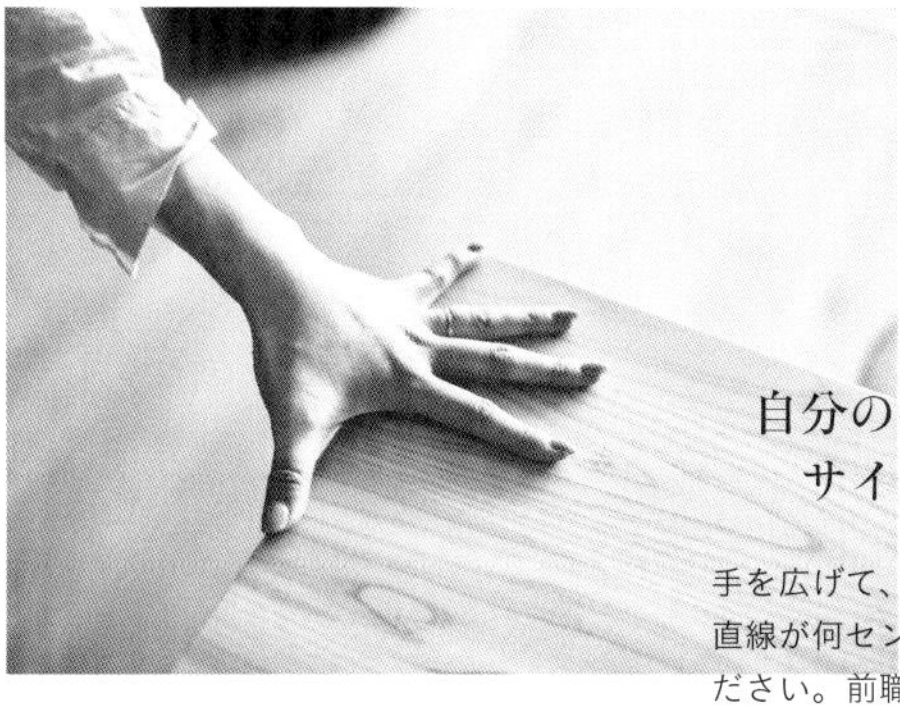

自分の手のひらでサイズを測る

手を広げて、親指と小指を結ぶ直線が何センチか測ってみてください。前職のバイヤー時代に教えてもらった方法。ちなみに私は21㎝。サッとサイズ感を知ることができて便利です。

メジャーをあてたまま写真を撮る

モノを置きたい場所にメジャーをあてて写真を撮るとミリ単位まで正確な数字がわかります。写真をスマホに保存しておくと、気になるモノを見つけたときもサイズが合うかすぐ判断できる。

サイズを測るって面倒に感じますよね。でも、間違ったサイズのモノを買ってしまうとレシートを持って返品に行ったり、粗大ゴミに出したり、人にゆずったり、もっともっと大きな手間がかかります。それならモノを買う前にサイズを測る方が、ずっと効率的です。

買う前にサイズを測り、置きたい場所にぴったりのモノが買えると自信にもつながります。

寸足らずのカーテンにモヤモヤしながら何年も過ごすより、窓のサイズにぴったりのカーテンに満足しながら過ごす方が気持ちよく暮らせるもの。

一度モノを買うと、手放すのに予想以上の労力がかかります。

買う前にきちんとサイズを測って「手間の先取り」を心がけたいですね。

Q5

欲しいモノはあるけれど、どれがいいのかわからなくて自信がないまま買っている……。

「衣替えをすると、服はたくさんあるのに、着たいモノがない。とりあえず買い物に来たものの「私が欲しい服ってどんなもの？」「どんなバッグや靴がいいの？」と迷ってしまい、結局何も買わずに帰宅……。

欲しいモノがしっかりわかっていないので、買い物に時間がかかったり、店員さんのおすすめや、マネキンが着ているモノをそのまま買ってしまったり……。

結局いつも自信がないまま買っているけれど、本当はもっと「私に似合うモノはコレ」「必要なモノはコレとコレ」と自信を持って買い物ができるようになりたい！」

Answer

マイノートで自分の「好き」を知ろう！

自分の「好き」がはっきりわかっていると、店員さんに勧められるままにモノを買ってしまう……ということがありません。

自分の「好き」を知るには、マイノートの活用がおすすめです。

マイノートとは、自分の「好き」を集めた、自分だけの〝雑誌〟のこと。気になる服やコーディネートの写真を切り抜いて、ノートに貼ってみましょう。

気になる理由を書き出していくうちに、「スカートはロング丈」「トップスは明るい色」など、だんだんと自分の「好き」がクリアになってきます。

好きなモノがはっきりすると、自信をもって買い物することができるようになります。

マイノートって？

心が動いたことを書くノート。自分の「好き」を集めることで、自分らしさがわかります。

※詳しくは『わたしらしさを知る マイノートのつくりかた』（大和書房）に。

良いと思ったポイントを書き出す

雑誌から気になる服やコーディネートの写真を切り抜いて貼ってみましょう。「なぜそれをいいと思ったのか？」を自分の言葉で書き出すのがポイント。

気になるモノのアンテナを立てる

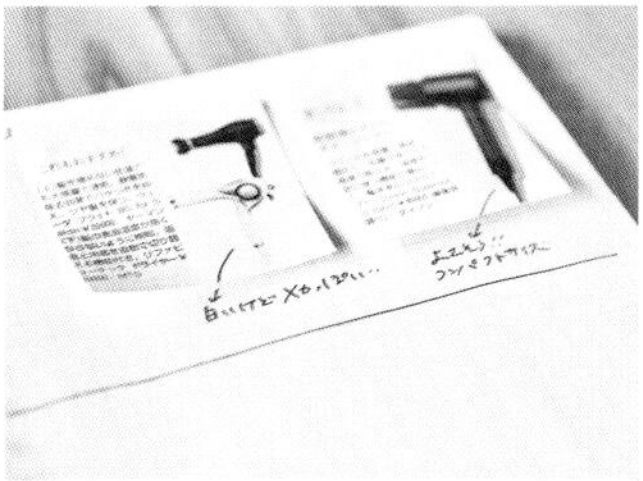

気になっているモノの情報はノートにまとめて。メーカーや仕様、価格帯を知ることでモノに対するアンテナが立ち、比較検討しやすくなります。

column

代用できるモノを
ポイポイ捨てていた!?

レジ袋の有料化が始まって約1年。すっかりエコバッグを持って買い物に行くのが普通になりました。キッチンで生ゴミを捨てるときなど便利に使っていたレジ袋。「袋をもらわなくなったら不便だろうな〜、いつかビニール袋を買うときがくるのかな……」なんて思いながら過ごすも、この1年、まだ一度も買わずに過ごせています。

ゴミ袋の代わりにしているのが、食パンの袋、お米の袋、洋服を買ったときの袋などなど。使い回せるモノを今までどれだけポイポイ捨てていたことか！「代用できないかな？」の視点を持ち合わせていると思っていたのが恥ずかしいくらい。最近のお気に入りは、食洗機のタブレット洗剤が入っていた袋。ジッパー付きで、生ゴミをピチーッと封できるんです。いいゴミ袋になりそうなモノを見つけたときの快感がたまりません(笑)。

生ゴミを減らす努力もしつつ、これからも代用できる袋探しの旅は続きそうです。

Part2

自分だけの「モノ選びのルール」を見つけるレッスン

STEP 1

スマホで購入履歴を振り返り、自分だけの「買い物のルール」を見つけ出そう！

最近買ったモノについて、この4つをノートに書き出そう！

- 良かった点
- 悪かった点
- どうしてそれを買うことに？
- 次に活かすこと

良い「モノ選び」をするために、まずはじめにしたいのは「これまでに買ったモノ」の振り返りです。

ネットショップの購入履歴やレシートを見返しながら、「良かった点」「悪かった点」「どうしてそれを買うことになったか」を書き出してみてください。

大事なのは、そこから「次に活かすこと」を見つけ出すこと。たとえば送料を無料にするために無理やり注文したモノがいまいちだったら、「送料無料のために不要なモノを買わない」がマイルールになります。

振り返りを重ねると、誰でも1冊本が書けるほどのルールが見つかるはず。自分以外の誰かの買い物も参考にはなりますが、「家族構成も家の広さも違う誰かの正解」＝「私の正解」ではないはず。自分の失敗や成功から思考のクセを知り、自分だけのルールを見つけたいですね。

たとえば……

【振り返るモノ】

クッションカバー

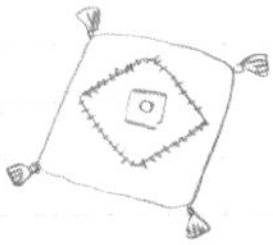

良かった点

子どもが素材を気に入っていた

悪かった点

色が薄くて汚れが目立ち、
洗濯しても落ちない

？どうしてそれを買うことに？

お店の売れ行きランキングで
1位だった

次に活かすこと

- 肌に触れるものは汚れが目立ちにくい濃い色を選ぶ
- 商品の人気度に惑わされない

【振り返るモノ】

お取寄せスイーツ

良かった点

特になし

悪かった点

- そこまでおいしくなかった
- 送料無料にするために買ったけれど、金額的には損をしている

？どうしてそれを買うことに？

送料を無料にするために
「送料対策コーナー」から、
パパっと選んだ

大事なのはこれ！

次に活かすこと

- 送料無料にするために不要なモノを買わない
- 本当に欲しいモノだけ買う！

「次に活かすこと」を
集めると……

私だけの「買い物のルール」が完成！

- 送料無料にするために不要なモノを買わない
- 本当に欲しいモノだけ買う！
- 肌に触れるものは汚れが目立ちにくい濃い色を選ぶ
- 商品の人気度に惑わされない

STEP 2

これから買いたいモノの、「欲しいポイント」を3つにまとめよう！

たとえば
フェイスタオルなら……

Point

❶ 1枚500円以内
❷ 濃い色で汚れが目立たない
❸ 裏表を気にしなくていい
無地のデザイン

価格を具体的に
イメージする

たとえば
ベッドシーツなら……

Point

❶ 年中使える素材(綿)
❷ 乾燥機でもシワに
なりにくい素材(リネンは×)
❸ 1枚4000円以内

素材名を書くと検索しやすい

欲しいモノがあるときは、探し始める前に「こんなモノがいいな！」と思うポイントを3つノートに書き出します。

たとえばフェイスタオルなら「1枚500円」「濃い色で汚れが目立たない」「裏表を気にしなくていい無地のデザイン」など。できるだけ具体的な言葉で書きましょう。

レッスンに参加してくださった方がよく書かれるのが「シンプルなモノ」「安いモノ」なのですが、これは具体的なようで、漠然とした言葉です。「シンプル」と言っても人それぞれイメージは違うもの。ある方の「シンプル」は「白」でしたが、ある方は「黒」でした。「安い」についても、フェイスタオル1枚「100円」が安く感じるか、「1500円」が安く感じるかは人それぞれです。

どんなモノを探すときも、具体的な色や形、数字を書くことを意識し

たとえば
ガラスのコップなら……

Point

❶ 食洗機に入れやすい低いもの。
高さ7cm程度

❷ ひとつ500円以内で
気軽に使える

❸ 透明で、どこから見ても
中身が入っているか見える

サイズは具体的に数字であらわす

たとえば
掃除機なら……

Point

❶ 紙パック交換がないもの
（買い替えが面倒）

❷ コードレスで手軽に使える

❸ 白やベージュで
ホコリが目立たないもの

自分にとってベストな色を考える

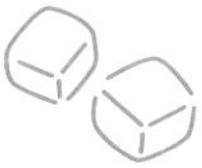

たとえば
食洗機用のタブレット洗剤なら……

Point

❶ 個包装でないタイプ（袋を破るのが面倒）

❷ 子どもも手伝いやすいようにタブレット
（使う量を伝えやすい）

❸ 香りがきつくないもの。
できれば無香料

過去の失敗から得たルールを追加！

てみてください。

洋服を探すときは「どんな素材がいいか」、「着丈や身幅は何センチがいいか」も考えましょう。

手持ちの気に入っている服のタグを見たり、採寸をしたりすることで、自分の好きな素材や〝ちょうどいい〟サイズがわかります。

今は商品サイトに服の仕様が細かく記載されていることが多いので、簡単に確認できます。

欲しいモノのポイントが詳細であるほど、満足するモノに出合いやすくなりますよ。

ポイントが多すぎても少なすぎても、手早く好きなモノに出合うのは難しくなるもの。

「3つ」というのは記憶にも残りやすいので、買い物のときに意識しやすいです。

STEP 3

欲しいモノを探すときは〝ざっと〟「画像検索」でしぼろう！

ショッピングサイトではなく、検索エンジンで探す

インターネットに掲載されている商品を広く見ることができる「画像検索」は、モノを探すのに便利。気になるモノを見つけたら掲載サイトへ移動し、商品情報を確認します。

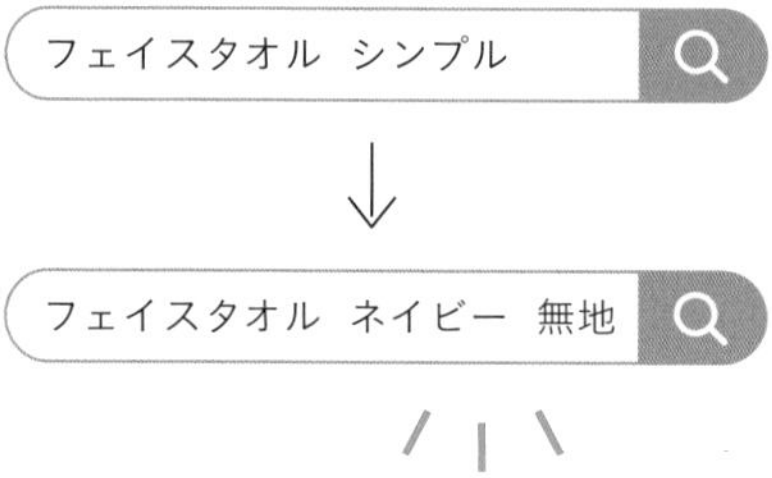

ちょうどいいモノが見つからないときは検索ワードを変えてみる

いいモノが見つからないときは検索ワードをもっと具体的にできないか考えましょう。検索ワードを増やしすぎると、逆に見つかりづらくなるので、3つ以内がおすすめです。

　欲しいモノを探すとき、最初から大手ショッピングサイトで検索するという方がほとんどだと思います。

　でも、ショッピングサイトでは、上位に表示されるPR商品に目がいってしまったり、ランキング1位のモノがよく見えてしまったりしないでしょうか？

　PR商品やランキング1位のモノが自分にとってベストかというと、そうとは限らないですよね。

　情報が多いと、どうしても振り回されてしまうもの。自分の軸を基にモノを選ぶのには向きません。

　私がおすすめしたいのは、検索エンジンの「画像検索」で〝ざっと〟しぼる方法です。モノの画像だけが一覧で確認できるので、不要な情報に惑わされずフラットにモノを探すことができます。

　検索ワードには、STEP2で書き出した「3つのポイント」を入れ

STEP1〜3
を経て……

使い勝手も見た目も大満足なモノが見つかる！

「色も素材も条件通りで大満足！　しかも予算より安いモノが見つかった……！」なんていうときの喜びはひとしお。使う時間も気持ちいいもの。

ひとつ買って試してよかったら……

→

必要な枚数を買い足そう！

ブログ検索も活用しよう！

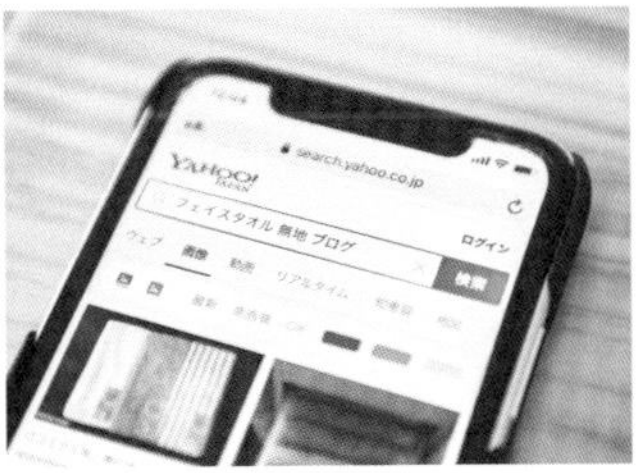

商品の感想が詳しく知りたいときは検索ワードに「ブログ」と追加で入力。ブログは商品レビューやSNS上の感想より長文でしっかり書かれていることが多く、参考になります。

ましょう。具体的なキーワードが入れられると、イメージに近いモノだけに検索結果はしぼられます。

　検索する中で、「この形の服はカシュクールっていうんだ」など、更に具体的なキーワードが見つかったら、検索ワードを変えて再検索。より具体的なキーワードを入れられると、よりイメージするモノに近づきます。

「コレ！」というモノが見つかるまで、検索ワードを変更しながら何度も検索してみましょう。

　イメージ通りのモノが見つかってはじめて、ショッピングサイトや実際の店舗で迷わずに買い物ができます。

誌上レッスン開催！

「モノ選び」のルールの見つけ方をEmiが伝授！

前編

OURHOMEで行っている「くらしのレッスン」で大人気の、モノ選びのレッスンを、誌上開催！
今回受講するふたりが、アドバイスをもとに自分なりの買い物のルールを見つけ、欲しいモノを選ぶまでの、リアルなプロセスをレポートします。

レッスンを受けるのはこのふたり

OURHOMEスタッフ
吉田
商品企画アシスタント。家族は夫と、5歳・3歳の娘。買い物は店舗中心。

OURHOMEスタッフ
友廣
ショップ担当。家族は夫と、9歳・3歳の息子子。買い物は主にネットで。

用意するのはノートとペンだけ

よろしくお願いします！

ふたりにも、自信を持って買い物してほしいな

STEP 1 モノ選びの前に……まずは購入履歴を振り返ってみよう！

レッスンスタート

Emi
「まずはじめに、自分の買い物を振り返ってもらおうと思います！ ここ3ヶ月でどんなモノを買った？」

友廣 吉田
「う〜ん……何があったかな？」

Emi
「パッと出てこないのは、なんとなく選んだモノのはず。実は、そういう買い物からほど、学ぶことは多いもの。」

すぐに思い出せない……

Emi
「思い出すために、一度財布の中のレシートや、よく買うネットショップの購入履歴を見てみて！」

吉田
「あ、洋服のレシートが出てきました」

友廣
「私は電気ケトルを買っていました」

Emi
「じゃあ、それについてもっと掘り下げてみよう。買って〝良かった点〟〝悪かった点〟〝どうしてそれを買うことになったのか〟

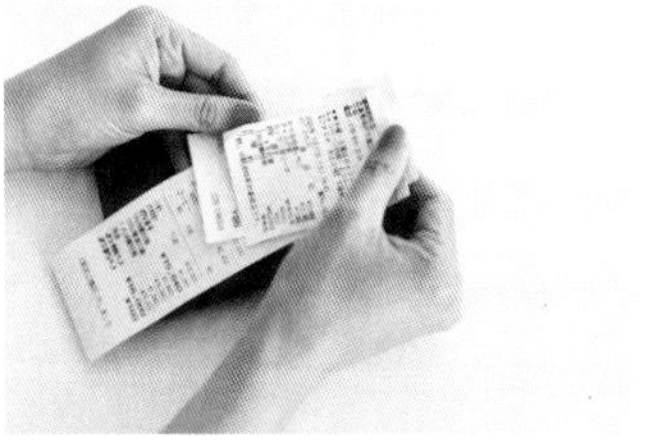

Emi
の3点を、ノートに書き出してみて。あとで書き足したり見返したりできるように、マイノートに書くのがおすすめだよ」

友廣
吉田
「わかりました！」

吉田
「私は、SNSで見て憧れていたサテンパンツを買えたのは、うれしかったです。明るい水色なのでワードローブも華やぎました」

Emi
「うんうん。逆に悪かった点は？」

吉田
「洗濯したらシワがついてしまい、アイロンがけが大変で。手持ちの服との合わせ方も難しかったです」

Emi
「そうか〜。じゃあ、どうしてそのパンツを買うことにしたの？」

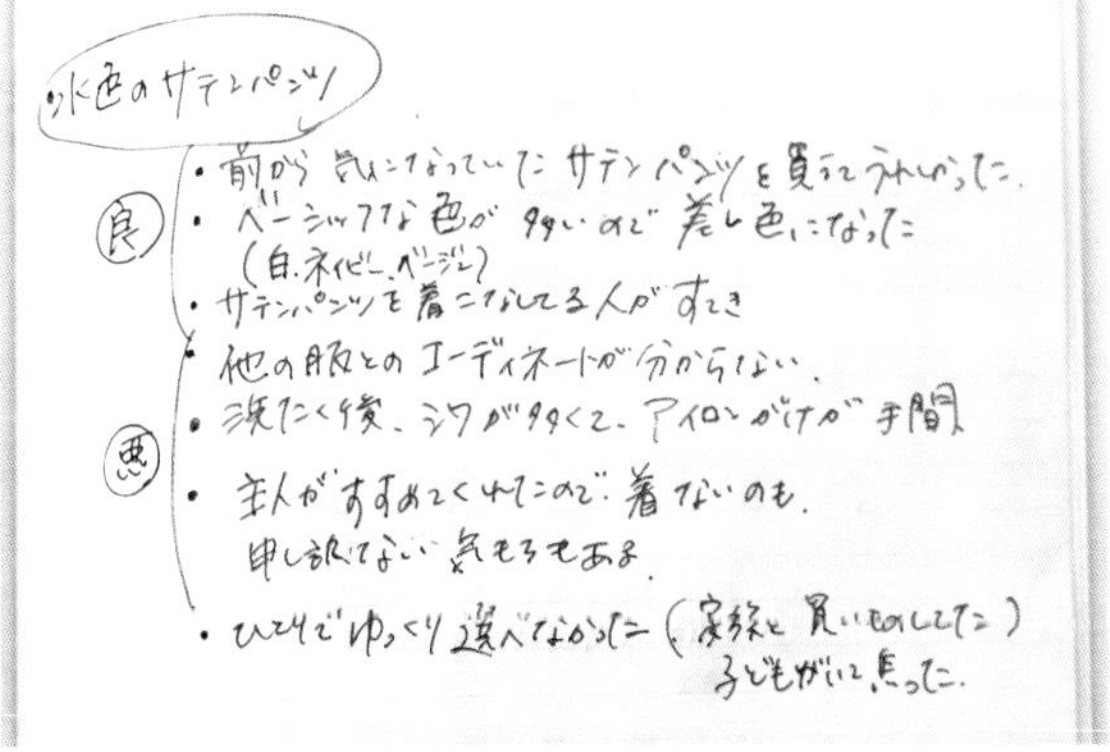

吉田

「家族で買い物に行ったときに、夫にも見てもらったんです。せっかく勧めてくれたから買おうかな、って。子どもたちを待たせていたので、焦って決めてしまったところもあったかも」

Emi

「今の話の中に、今後の買い物に活かせそうなヒントがたくさんあるよ！　まず、シワができて困った点は、どうしたらいいと思う？」

吉田

「……素材を確かめる、でしょうか」

Emi

「その通り！　今回のシワになりやすいパンツの素材表示を確認して、ノートに書いておくといいよね。忘れるとまた同じ失敗をしてしまうから。さらに、持っている服の中で、シワになりにくくてお気に入りのものの素材も書いておくとベター！」

吉田

「そうですね、やってみます！」

Emi

「次に、買い物の仕方はどうかな？」

ヘビロテしているシャツの素材を確認。

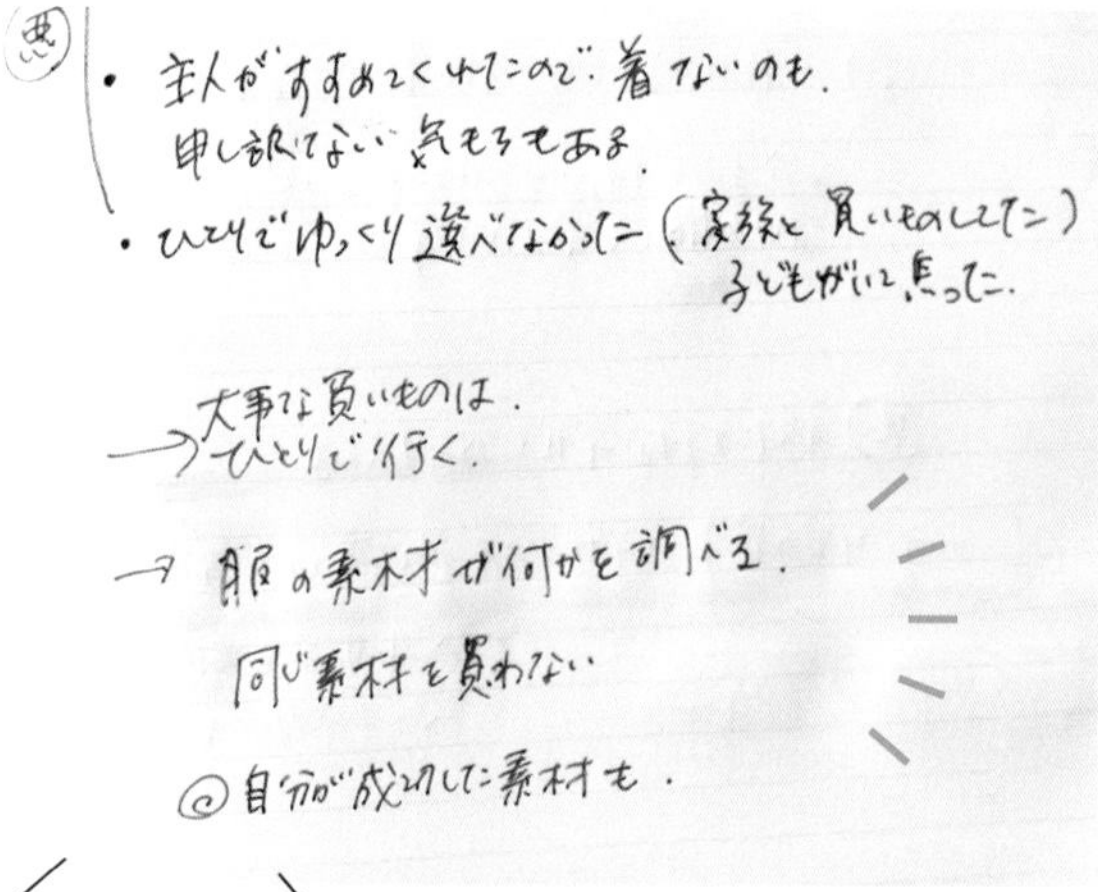

次に活かすことがわかった！

吉田

「家族に付き合ってもらうと、気になってしまうので、最終的に買うときだけでもひとりでゆっくり行けたら、と思いました。店員さんにコーディネートの相談もできそうですし」

Emi

「吉田さんならではのポイントが見つかったね。友廣さんはどんな感じ？」

友廣

「新しい電気ケトルは、長男にも扱い

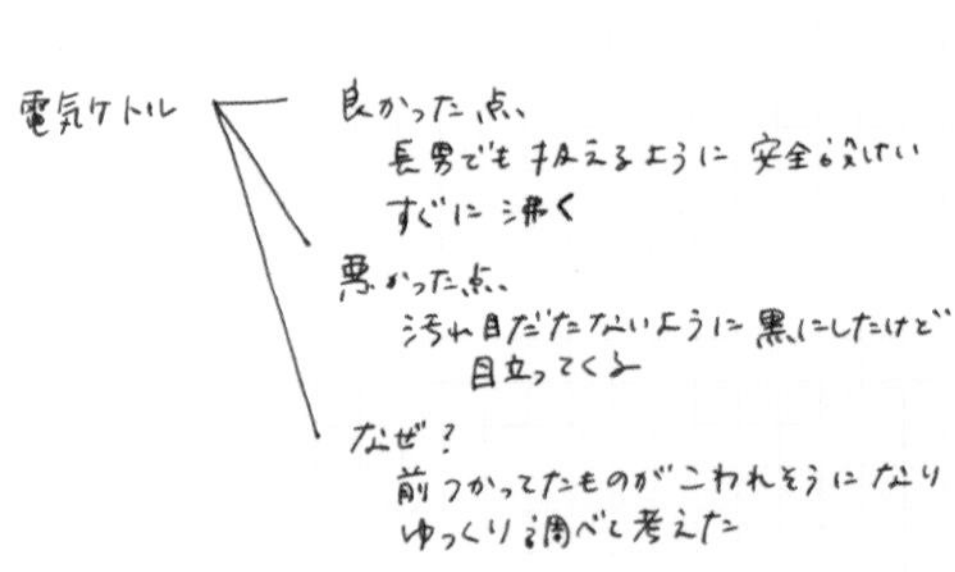

友廣

やすい安全性と、早く沸く機能性が気に入っています。問題点は……強いて挙げるなら、黒を選んだら思ったより汚れが目立ったところですね」

Emi

「おおむね満足する買い物ができたんだね。それはどうしてだと思う？」

友廣

「前のケトルの調子が悪くなってから完全に壊れるまでに時間があり、よく吟味できたからかもしれません」

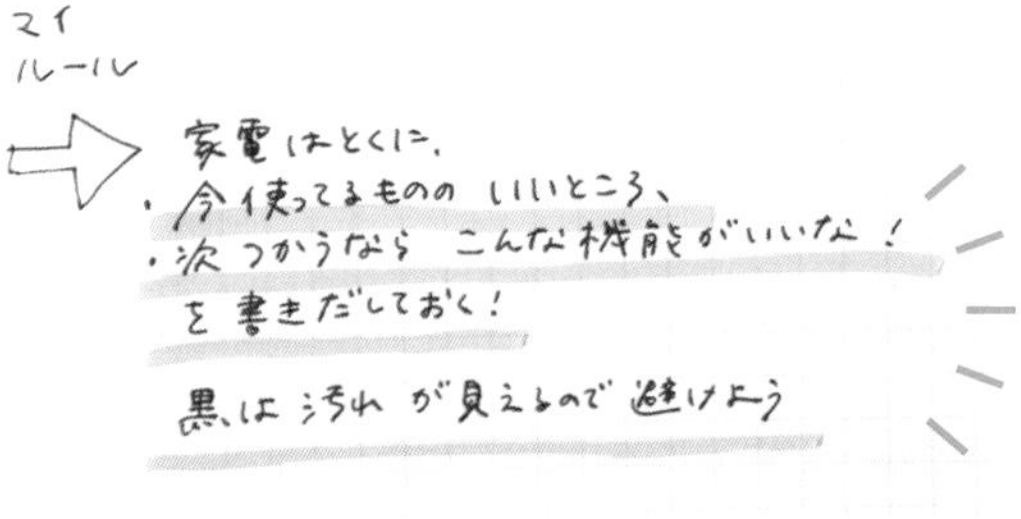

次に活かすことがわかった！

Emi

「その成功体験にヒントがありそう！」

友廣

「今後も、特に家電は時間をかけて条件を考えてから選びたいと思います！」

Emi

「いいね！ ほかにも買ったモノがあれば、同じように振り返ってみよう」

友廣

「サロペットは大失敗でした。送料対策で試しに買ったけど似合わなくて」

吉田

「私はネットで本を7冊買ったのに、3冊読まずに置いたまま……」

Emi

「またさっきの3点を書き出してみてね。それを繰り返すことで、自分だけのモノ選びのルールができていくよ！」

友廣
吉田

「はい！ これからも続けます！」

自分だけの「モノ選びのルール」が完成！

友廣

・洋服は、合わせるものを決めてから買う
・モデルさんの素敵さに まどわされない！
・間に合わせや、送料対策で むりやり買わない！
・家電はとくに、今つかってるもののいいところ、次つかうならこんな機能がいいな！ を書き出しておく。
黒は意外と汚れが目立つ（キッチン周り）

吉田

、本は ネットで買う前に、ためし読みをする（図書館、本屋さん、ネットで公開）
、服はひとりで買いに行く（パパに子供をお願い）
、服の素材はポリエステル、
、自分の好きな形（サイズをはかる！）

自分のルールができたら、次は今買いたいと思っているモノをピックアップしよう！

今買いたいと思っているものをリストアップしてひとつにしぼる。

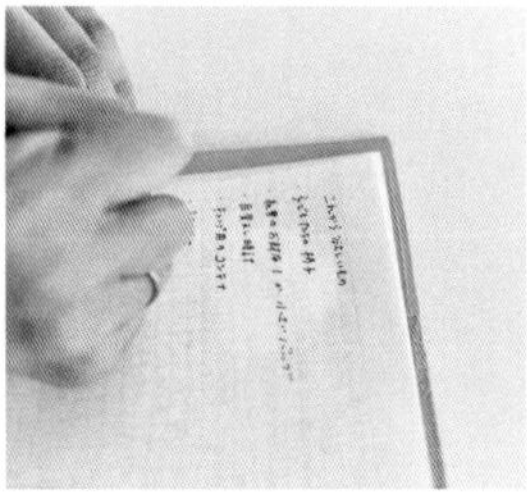

私は目覚まし時計

私は羽織れるシャツ

STEP 2

買いたいモノの「欲しいポイント」を3つにまとめる

Emi
「友廣さんは目覚まし時計、吉田さんは羽織れるシャツを探すことに決まったね。まずは、ふたりが欲しいモノのポイントを書き出してみて！」

友廣
「いくつぐらい挙げるといいですか？」

Emi
「多すぎると選びきれなくなるから、特に重視する3つにしぼるといいよ」

友廣
「はい！ 私が欲しい目覚まし時計は文字盤と音が大きくて、シンプルなデザインのものです」

カキカキ……

Emi
「うまくまとまった？ ごめんね、実はこれ、よくあるNG例です(笑)」

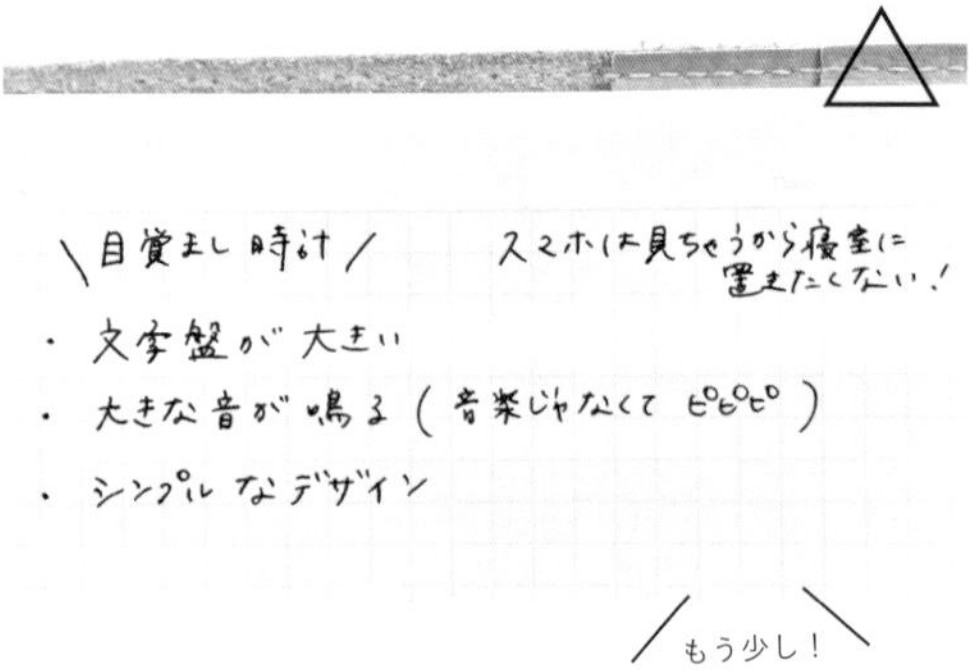

／もう少し！＼

友廣
吉田
「えっ、ダメですか？」

Emi
「たとえば、文字盤や音が大きいってどれくらい？ シンプルってどういうこと？ 好みや置く場所、使う人によって、とらえ方は違うよね。友廣さんにぴったりのモノを探すには、もう一歩、具体的に書き足すといいよ」

友廣

「確かにそうですね！ サイズは両手に乗るくらい、デジタル表示で、音は足元に置いても充分聞こえる程度。デザインは白で装飾が少なくて……」

Emi

「はっきりしてきたね！ サイズや値段の目安も数字で書くと明確になるよ」

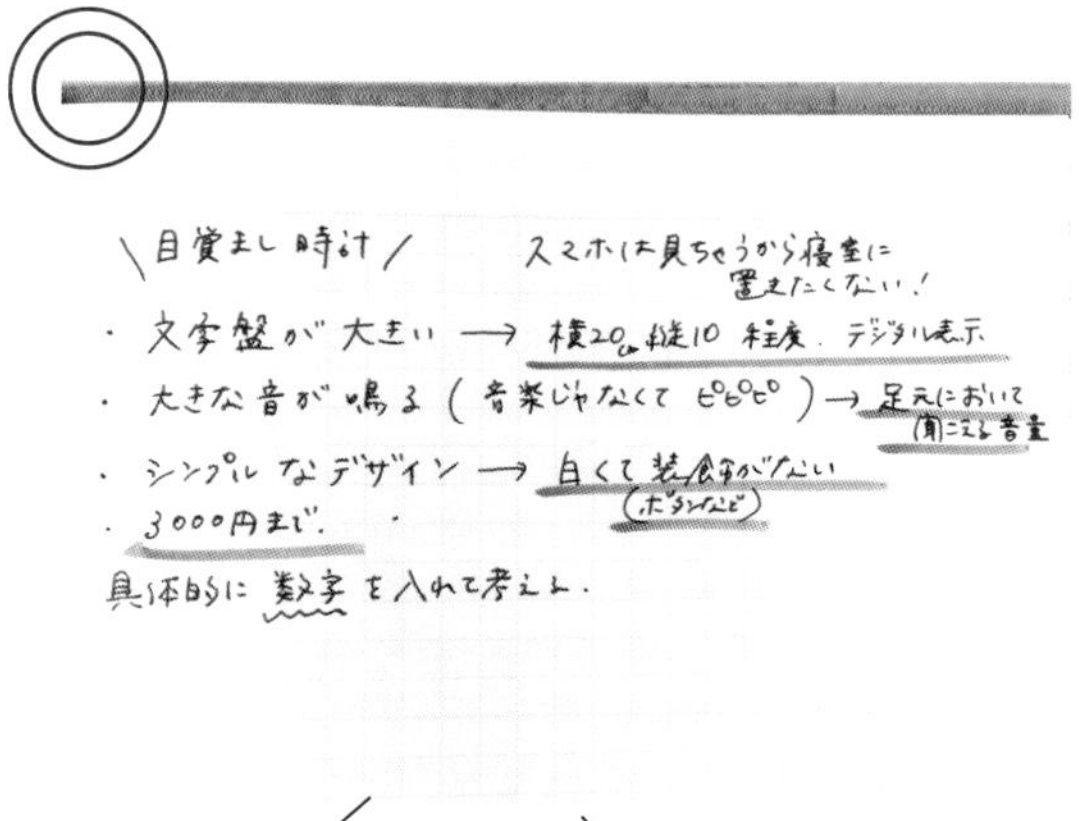

具体的になった！

Emi

「吉田さんはどう？」

吉田

「"シワにならない""デザインが主張しない""チェック柄じゃない"ことの3つを挙げてみました」

Emi

「吉田さんは、"○○じゃない"って考えるクセがあるんだね。主張しないデザインってどんなのだろう？ チェック柄以外は全部OKなのかな？ わかりやすく言い換えてみよう」

もう少し！

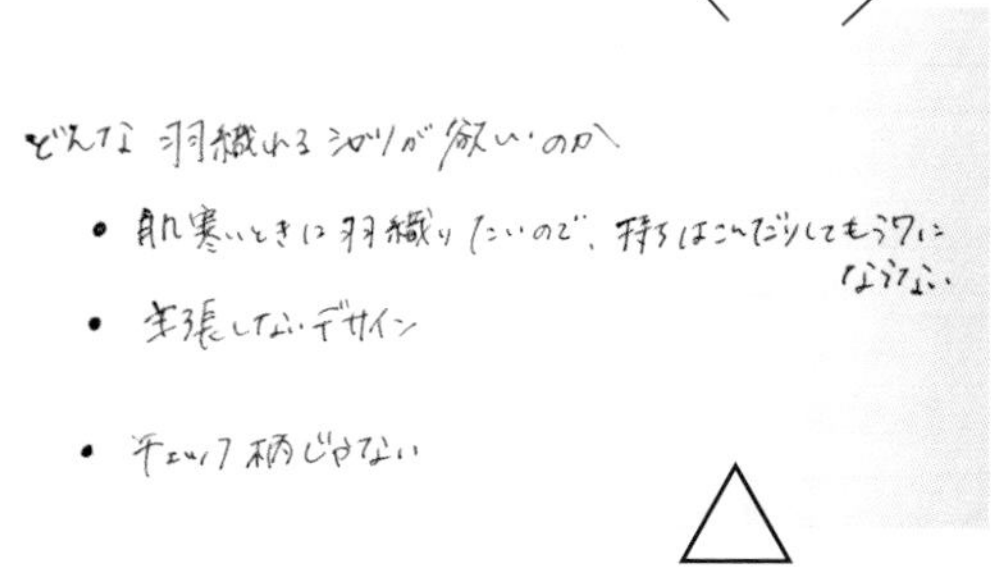

吉田

「自分の考え方のクセに初めて気づきました！ 愛用のシワにならないシャツと同じ素材、似た形のベーシックなタイプで、無地のものがいいです」

Emi

「いいね〜。そのシャツを参考に、素材やサイズも具体的に書けば完璧！」

よりしぼりこめた！

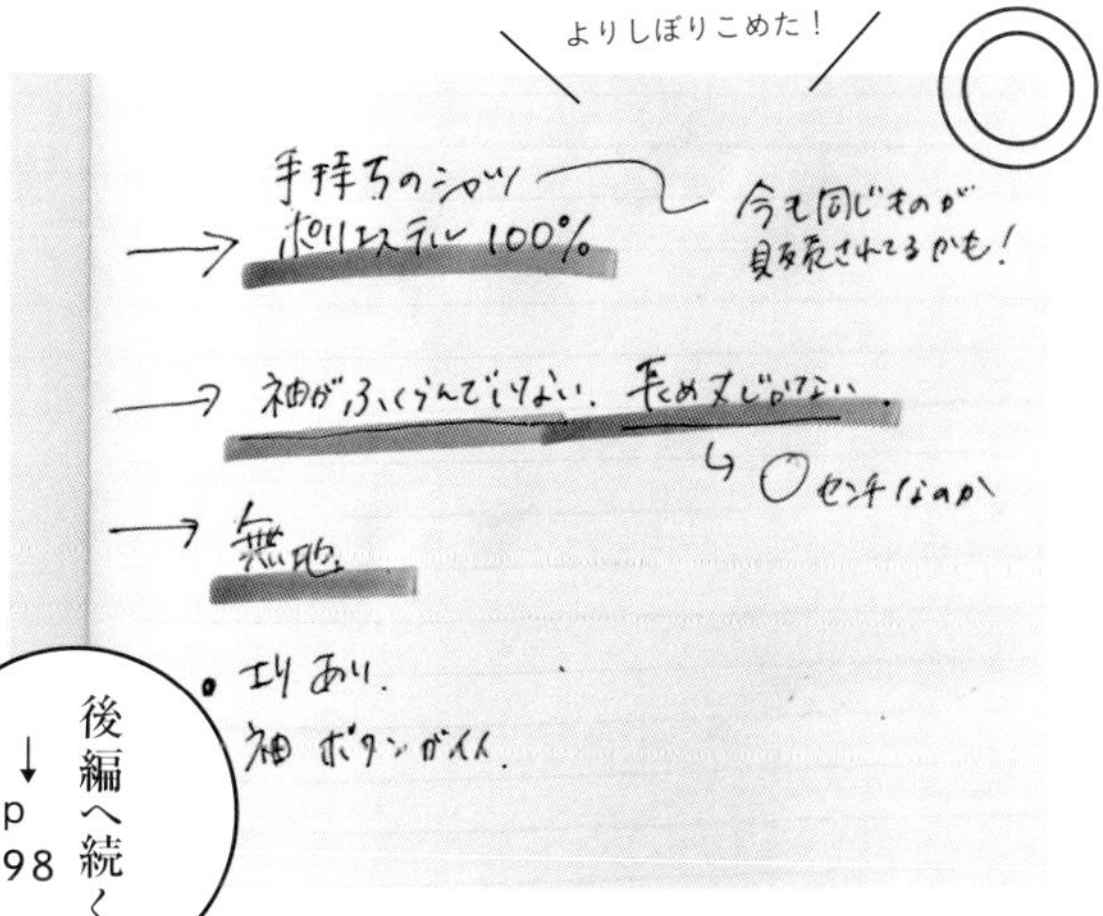

後編へ続く
↓
p98

column

夫の買い物

実は、夫はネットの買い物でよく失敗をします（苦笑）。息子に頼まれたサッカーボール柄のお茶碗はあろうことか本物のボール並みの巨大サイズ……。某スポーツブランドの靴は、ロゴを絶妙に模した偽物……。

　何度もこういうことが続き、少しマズイのでは……という心境に。そこで、話を聞いてみると（事情聴取!?　笑）どうやら、細かい情報を読むのが面倒で、写真を見てパッと判断するクセがあるよう。細かいことを注意してケンカになるのも考えものなので、まずは失敗した買い物をなかったことにせず、その間違い面白すぎるやんっ！　と「家族で笑ってシェア」することにしました。失敗が具体的に記憶に残ったからか、買い物が少しずつ変わってきて、最近は、注文前にサイズチェックをしている姿を見かけるように！　ほっと一安心。

　ちなみに、巨大なお茶碗は返品せずそのまま使い、息子はたくさん白ごはんを食べられるように。失敗から得た、いいこともあったかも!?

Part3

わが家のモノ選び

モノ選びで 変わらないこと、変わってきたこと

育児が落ち着いて、
自分の時間が増えてきたこの頃。
時間と気持ちに余裕が生まれるにつれて、
モノ選びの視点も少しずつ
更新されてきたように思います。
「使い回せる」「家族みんなが使いやすい」など
基本のルールは変わりませんが、
時短の優先度は下がってきて、
「掃除や料理をもっと楽しめるモノを
取り入れてみよう！」という気持ちに。

それは「丁寧な暮らし」を目指すのとはまた違っていて。
便利さと楽しさを兼ね備えた、
自分にとって〝ちょうどいい〟モノを見つけられたときにこそ、
大きな喜びを感じます。
毎日の生活の中でちょっとした工夫を凝らし、
「うまくいった！」と感じる瞬間が
何より好きな私。それを味わうための
「モノ選び」なんだということはずっと変わらないだろうな、
と思っています。

RULE 1 使い回せる

わが家では専用のモノはなるべく買わず、できるだけ多用途に使えるモノを選んでいます。家具も、テレビ台や食器棚といった用途が限定されるモノはひとつもなく、何にでも使えるオープンボックスやスチールラックを使い回しています。

使い方が決まっているモノは、引っ越しをしたり生活が変わったときに使えなくなるので、新たに買い直したり……と手間が生まれてしまいます。

使い回しのきくモノなら、長く使えて節約にもなります。

保存容器ひとつとっても、ひとつで3役を果たしてくれるモノを選べば、より少ないモノで暮らすことができます。

ガラスの耐熱容器

保存容器はガラスの耐熱容器を愛用しています。保存容器としてだけでなく、お皿としてもグラタン皿としても使えて、「一石三鳥」なところがお気に入り。

保存容器として

同じシリーズでそろえると重ねられて省スペース。持ち運びにも便利。

お皿として

透明のガラス製なので、フタをはずせばそのまま食卓に出せます。

グラタン皿として

耐熱ガラスでオーブンでも使える。わが家ではグラタン皿としても使用。

RULE 2

わが家の“今”のモノ選びルール

家族みんなが使いやすい

共働きで、私が出張で家をあけることもあるわが家。私だけでなく夫も子どもも家事をするので、みんなで使うモノは家族全員にとってストレスの少ないモノを選んでいます。たとえば洗濯洗剤はいろいろ種類があると使い分けが難しいので、見えるところに置くのは1種類に限定。

子どもも使うモノは、サイズが使いやすさに大きくかかわってくるので、小さめが基本。多機能のモノや取り扱いに気を遣うモノは避け、子どもひとりでもラクに扱えるモノを選ぶようにしています。

夫が家事で使うモノは、気持ち良く家事をしてもらえるように、夫の希望を優先。私の好みとは違っていても、使う人が使いやすいのが一番です。

一緒に家事をする夫が使いやすいモノ

食器洗いには「あみたわし＆石けん」を使っていたのですが、夫の洗い物の頻度が上がると「あみたわしよりスポンジが良い」と。ぜひ洗い物を続けてもらいたい！　と、夫が好きな洗剤とスポンジに変えました。

キュキュット Clear泡スプレー／花王
POCO キッチンスポンジ リフィル／MARNA

外から袋が見えるホルダータイプのゴミ箱なら、ゴミがたまったことに夫も気づきやすい。

分別ゴミ袋ホルダー ルーチェ／山崎実業

掃除用品システム・木製ショートポール、ほうき／無印良品

子どもも使いやすいサイズを選ぶ

サッカー少年の息子とコーチである夫がいるので玄関には砂がたくさん！　ときどき息子がたたきを掃除してくれるので、子どもが使いやすいように柄が短いモノを愛用。

わが家の“今”のモノ選びルール

RULE 3 出しっぱなしにできるデザイン

よく使うモノは取りやすい位置に出したままにするのがラクですよね。とはいえ、にぎやかな色や柄が目に入ると落ち着かないので、私は「出しっぱなしにしても気にならないデザイン」のモノを選んでいます。

たとえばよく使うスポーツグッズの色はモノトーンにしぼり、インテリアになじむように。色をそろえるとメーカーが違っても統一感が出ます。洗濯ネットなどの日用品や調味料も、色数をおさえたり、柄のないモノを選ぶようにすると、きっちりしまわなくても気になりません。

私は色や柄から刺激を受けやすいので、家の中の視覚情報をあまり増やしたくないタイプ。頭の中をクリアに保つためにも、シンプルなデザインが生活に欠かせません。

洗濯ネット／Glamouric

洗濯ネットも生活感が出ないモノトーンに

よく使う洗濯ネットは、なるべく生活感が出ないよう、モノトーンかつ直線的なデザインのモノをネットショップで探しました。旅行のときは着替えを持っていく衣類ポーチとしても活用しています。

体幹ヨガボール／東急スポーツオアシス
ヨガマット／ACTIVE WINNER

スポーツグッズは色を黒・白・シルバーにしぼる

夫と息子は毎日ストレッチをするので、ヨガマットとヨガボールは出しっぱなしでも気にならない黒で統一。ほかのスポーツグッズも黒・白・シルバーにしぼっているので、どこで買っても統一感が出ます。

シンプルなパッケージの調味料を選ぶ

調味料はできるだけパッケージに色や文字が少ないモノを選びます。見た目が好きなのでキッチンやテーブルに出しっぱなしでも気にならず、ストレスフリー。

変わる暮らしの中で取り入れ始めた、モノ選びの新しい視点。

ここ数年、家でも仕事場でも少しずつ「環境」について意識するようになりました。双子が小さい頃は、手軽さを優先し、使い捨てのモノに頼っていたのが本当のところ。

子育ても落ち着き、時間と気持ちに余裕が出てきた今、できる範囲でエコ生活を始めています。

オフィスには水筒とお弁当を持参していますが、以前使っていた使い捨て容器をやめ、木のお弁当箱に変えました。

また、ペットボトル入りの炭酸水をストックするのをやめ、炭酸水メーカーを導入。ペットボトルゴミが減っただけでなく、収納スペースにも余裕が出ました。

ネットショッピングをするときは、配達回数を抑えるべく、買いたいモノをカートに入れておき、急ぎで必要なモノが出てきたタイミングでまとめて購入。段ボールなどのゴミの量も、それを捨てに行く手間も減りました。

これからも自分や家族がラクできて、エコにつながるモノを少しずつ取り入れていきたいと思います。

キッチンのモノ選びのルール

2年前自宅をリノベーションした際、キッチンカウンターはつくらず、スチールラック収納にしました。スチールラックは移動も組み替えも簡単なので、2台を離して置いたり、棚を増やしたり、可能性は無限大。暮らしに合わせてフレキシブルに動かせるカウンターになりました。

収納がスチールラックと吊り戸棚だけなので、キッチンに置くモノは厳選。家電は数をしぼり、ストックはかさばらないモノを選んでいます。

Kitchen

(左から)つつみ炊きKAMADO／リンナイ、真空保温調理器シャトルシェフ(KBG-300)／サーモス

もしものときにもガス火で使える炊飯鍋と保温調理鍋

サーモスの保温調理鍋は、今や手放せない存在です。朝10分ほど具材を煮込んで、セットの保温容器に入れて放っておくと、数時間後には温かい豚汁やおでんができている、という優れもの。保温中電源につなぐ必要がないので、電気代もかからず、簡単に一品おかずができあがります。

リンナイの炊飯鍋は、ごはんがおいしく炊けてお気に入り。数年前に電気炊飯器が壊れたときに試しに手持ちの鍋で炊いてみたところ、そのおいしさに感動！　改めて、専用の炊飯鍋を購入しました。

どちらも災害で停電したときにはガスコンロでも使えるので安心です。

災害に備えてカセットコンロ＆ボンベを常備。使用頻度が低いので吊り戸棚の最上段に収納しています。

サーモス 真空断熱ケータイマグ(JNLシリーズ)0.5L／サーモス

水筒は家族で同じ型にそろえる

わが家では、水筒はサーモスと決め、大容量のものが必要な息子をのぞいて全員同じ型でそろえています。型が一緒だとパーツも一緒なので、「どのパッキンが誰の水筒で……」と考えなくていいのが本当にラク！

サーモスにしたのは保温性のよさと、パーツが単体で買える便利さから。直飲みタイプのスタンダードなサイズを選びました。

水筒の中身は夫は緑茶、息子は麦茶、私と娘はルイボスティー……とバラバラだったのですが、あるとき息子が「お茶じゃなくて水でいいわ！」と。ついでに私も白湯に変更。茶渋がつかず、洗い物もラクになりました。

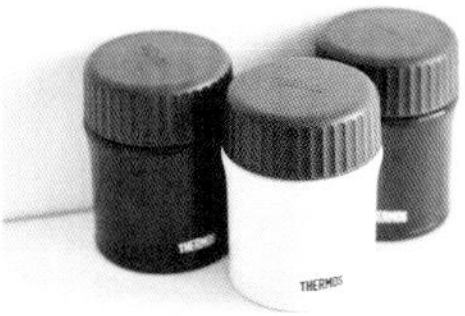

上／スープジャーもサーモスでそろえています。温かい汁物だけでなく、夏はアイスコーヒーを入れて。右／パッキンだけ買えるのが便利。

(右上から時計回りに)百貨店の催事場、Francfranc、私の部屋、ホームセンターで購入

どこで買っても統一感が出る、藍色の食器

食器は和洋中を問わずに使える白がいいと思い愛用してきたのですが、年を重ねるうちに少し味気なく感じてきて、取り入れたのが「藍色」の食器たちです。

藍色なら手持ちの白い器とも合うし、同じく和洋中を問いません。何より色が同じならどのお店で買っても統一感が出るのがポイントです。藍色は食器の色としては定番なので、そろえやすく、自分が好きなデザインも見つけやすいように思います。

料理教室を主宰している友達の影響で、苦手だった料理に少しずつ興味が湧いてきた私。これからは盛り付けや季節ごとの器選びも楽しんでいきたいな、と思っています。

祖父母から受け継いだ、兵庫県丹波篠山の立杭焼《たちくいやき》の器も愛用。祖父母とのつながりを感じられる特別なもの。

何通りにも使い回せる寿《す》司《し》桶《おけ》

この寿司桶は15年前、結婚したときに母が持たせてくれました。「専用のモノは持ちたくないからいいのに〜」と思っていたのですが、実際家にあると、友達が家に来てくれたときにちらし寿司や手巻き寿司ができて大活躍！　容量たっぷりで、置くだけでテーブルが華やかになり、代用品ではまかなえない存在感があります。

来客時だけでなく、普段使いでも重宝しています。お寿司のときはもちろん、鍋料理のときに野菜を入れるのにもぴったりで、意外と使い回しがきき、一年中食卓に登場。持たせてくれた母に感謝しています！

鍋用の野菜を入れるのにも便利。寿司桶を使うだけで食卓が華やかに。

コーヒーグラインダー／ラッセルホブス
コラプシブルコーヒードリッパー／キッカーランド
コーヒードリップポット／貝印
モカエキスプレス／ビアレッティ
クラシックケトル リーブル／レコルト　※生産終了

おいしいコーヒーを淹《い》れるために
少しずつそろえたアイテム

２０２０年の目標に「おいしいコーヒーを淹れられるようになる」を掲げていた私。子どもたちも成長し、ゆっくりと朝を過ごす時間と気持ちの余裕ができてきました。

まずは豆を挽こう、とミルを導入。「電動」「シルバー×ブラック」「挽いた豆を入れ物ごと移動できる」の３つの条件で探しました。

続いて、ドリップして淹れるためのアイテムも仲間入り。ワイヤーのドリッパーは小さく折りたためて、ひっかけて収納でき、アウトドアでも使えて、まさに理想通り！

ちなみにわが家のキッチン家電はほぼすべてがシルバー×ブラック。白より高級に見え、メーカーがバラバラでも統一感が出ます。

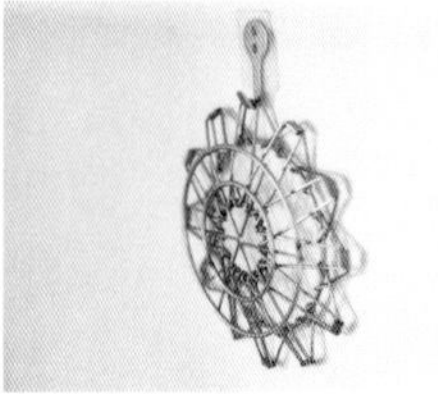

ワイヤーのドリッパーはたたむとこんなに薄く！　使用後は洗ってシンクのすぐ上にあるフックにかけて。

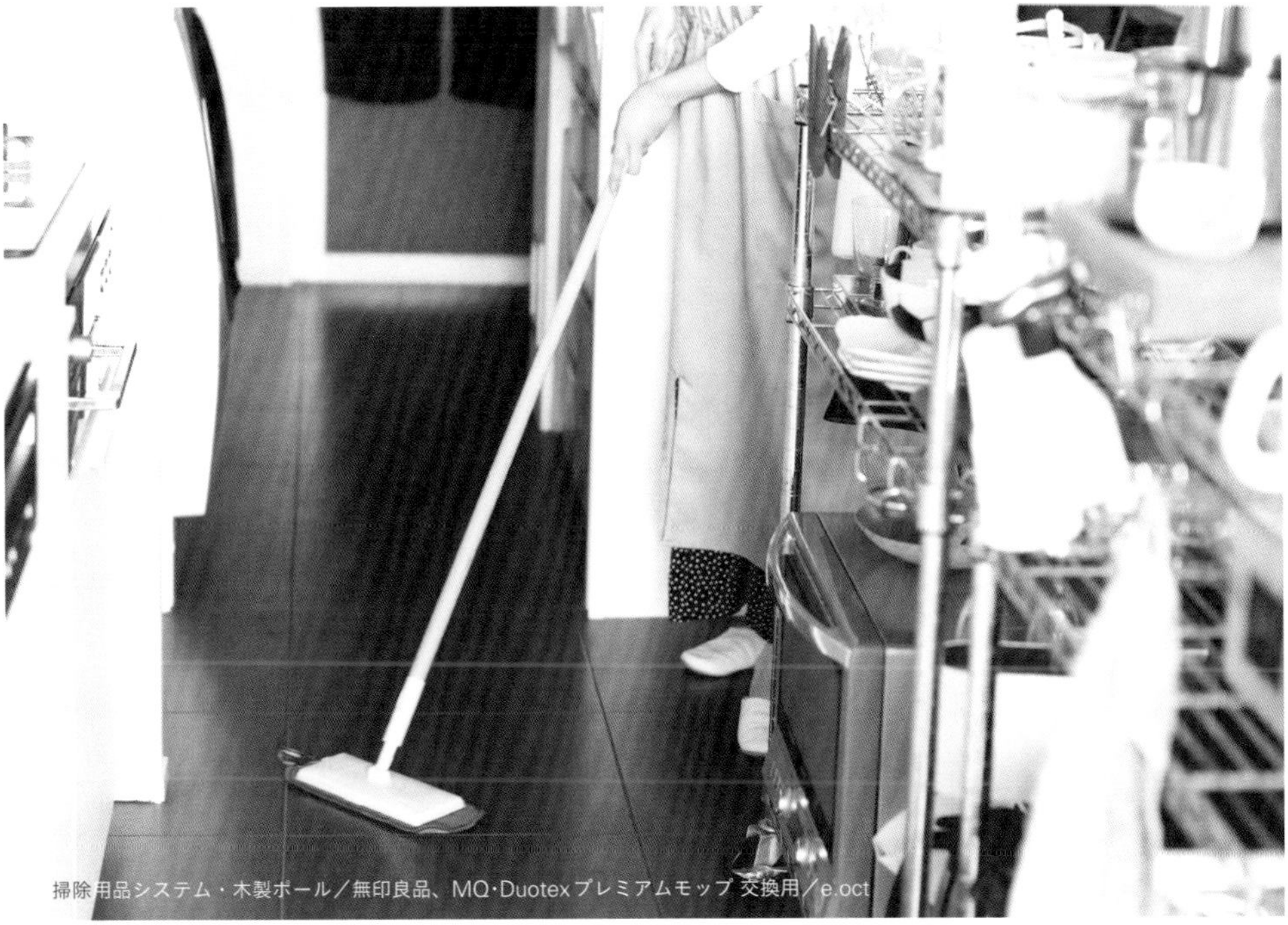

掃除用品システム・木製ポール／無印良品、MQ·Duotexプレミアムモップ 交換用／e.oct

水だけで汚れが落ち、繰り返し使えるモップクロス

キッチンの床拭きは膝を立てる体勢がしんどく、週に一度やるかやらないかでした。「もっと頻度を上げたいな」と思っていたとき、知り合いの方が毎日モップで拭き掃除をされている記事を発見。それがとても気持ちよさそうで！　紹介されていた、繰り返し使える「MQ·Duotex」のモップクロスをわが家でも取り入れることに。柄の部分はほうき(p57)と合わせて木製が良かったので、玄関用の無印良品の「ヘッドが付け替えられるショートポール」と同シリーズの長い方を購入しました。

霧吹きでシュッと水をかけて拭くだけできれいになり、毎日拭き掃除ができるように！　母にも勧めて親子で愛用中です。

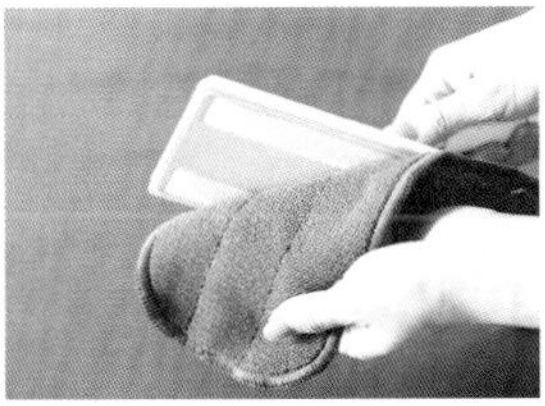

クロスは押し込み式ではなく面ファスナーで、しっかり留めるタイプ。掃除中にはずれにくくて快適です。

かさばらない&ゴミを減らすモノ選び

パッケージがかさばらなければ、それだけゴミも減ります。エコを意識して暮らし始めたわが家では、いろいろなモノを「場所をとらずゴミも減る」という視点で選ぶようになりました。

ビール派だった夫がハイボール派になり、毎日のように出ていた炭酸水のペットボトルゴミ。そこで炭酸水メーカーを導入。ゴミが減ったのはもちろん、ペットボトルを置くスペースもいらなくなりました。私もビールの代わりに炭酸水を飲むことが増えて健康にも◎。また、これまでは夏に紙パックでストックしていたアイスコーヒーを、水出しドリップパックに変更しました。コーヒーフィルターや点火棒も使い捨てをやめ、繰り返し使えるモノに。ゴミが減り、スペースにも気持ちにも余裕ができ、いいことばかり！

ペットボトルをやめ
炭酸水メーカーに

炭酸の強さが調整可能なソーダストリームの「Genesis V2」。専用の容器が繰り返し使え、ガスシリンダーを交換できる店舗が自宅近くにあることも決め手。キッチンに置いても油汚れとほこりが気になりにくい白にしました。

ピッチャーでつくれる 水出しコーヒー

夏は紙パックのアイスコーヒーをストックしていたのですが、かさばるのでカルディの水出しコーヒーに切り替え。パックを水に入れて数時間ででき上がり。

繰り返し使える コーヒーフィルター

使い捨てではないフィルターを探して見つけたのが、佐藤金属興業の「ステンレスメッシュドリッパー」。紙のように買い足す必要がなく、布より清潔に保ちやすい。

びんを返却できる 生協の牛乳

食材宅配の「生活クラブ」では、牛乳などにリユースびんが使われていて、洗って返却する仕組み。回収に来てもらえるのでラクだし、環境にもやさしい。

ラーメンはカップ入りでなく乾麺タイプ

「マルタイラーメン」など棒タイプのラーメンが、とてもおいしくて家族のお気に入り。かさばらないので収納スペースを取らず、備蓄しやすい。値段も安くて最高です！

個包装なし、小袋入りのアメやガム

アメやガムを買うときは、できるだけ個包装なしの小袋入りのもの選ぶようにしています。中身が取り出しやすいし、ゴミが少なく済みます。

オイルを補充して使える 点火棒

お灸とお香を始めて使用頻度が上がった点火棒。オイルを補充しながら繰り返し使える注入式のタイプに買い替えました。廃棄に気を遣う危険ゴミが減るのもうれしい。

Living room

リビングのモノ選びのルール

リビングは家族がリラックスして過ごせるように、あたたかみのある天然素材のモノを中心に選んでいます。面積の大きなフローリングや家具は無垢材にし、メインの収納スペースにはカゴやグリーンを置いてやわらかい印象に。ソファやひとりがけのイスも天然素材が使われているものを選び、全体に統一感を持たせています。

アンティークチェア／ディー・プラスイーマーケット

片手で持てる、圧迫感がないラタンチェア

アンティーク家具屋さんでひと目惚れしたフランスのラタンチェア。抜け感があるデザインなので大きさを感じさせず、とても軽く、アンティークにもかかわらず、価格もお手頃でした！

もともとは「家族みんなでソファに座るのが狭くなってきたので、私専用のイスに……」と購入したのですが、子どもたちも気に入って取り合いになり、みんなでかわりばんこに座っています。

座面にほこりがたまりにくく、掃除がしやすいところが、特に気に入っています。

片手で持ち上げられるくらい軽いので、掃除のときにもラク。子どもでも自分で好きな場所に動かせます。

体幹ヨガボール（※黒は販売終了）／東急スポーツオアシス、ヨガマット／ACTIVE WINNER

出しっぱなしでも気にならない ヨガマット&ヨガボール

サッカーに励んでいる息子とコーチをしている夫は毎日ストレッチをしています。私もヨガとストレッチをする頻度を増やそうと、出しっぱなしでも気にならないシンプルなヨガマットとヨガボールを探しました。リビングに出しっぱなしにしているので、気が向いたときにいつでも体が伸ばせます。

ヨガマットは見た目以上にクッション性が高く、ラグや座布団代わりとしても使うようになったため、1枚追加で購入しました。座布団より軽くて管理に手間がかからず、アルコールでさっと拭けてとてもいい！　座布団としてもっと使いやすいように半分にカットしようかな……とまで考えています。

左からボクシンググローブ（ピュアライズ）、マッサージボール（SIMPS）、FOOOTY（キッシーズ）、エクササイズバンド（Your Choice）もモノトーンで統一。

国産ひのきのダイニングテーブル／OURHOME、
ムーンスツール挽脚／家具工房 雉子舎

あえてコンパクトなダイニングテーブル＆背もたれなしのイス

くつろぐ場所を広くとるため、コンパクトなダイニングテーブルをずっと探していましたが、なかなか見つからず、ＯＵＲＨＯＭＥで１３５センチ幅の天板をつくることに。無垢材にウレタン塗装を施し、アルコール消毒ができるようにしました。また、脚はマグネットをくっつけられるようにスチール製に。

イスとの出合いは昔ながらの家具屋さん。お店にあった2脚をその日に持ち帰り、使い心地が良かったので、ネットショップで買い足しました。「背もたれがなくても平気?!」と聞かれますが、購入前に仮置きしていたベンチ(p59)の圧迫感のなさが気に入っていたので、あえて背もたれのないイスを選びました。

丁寧な梱包に感動！　子どもと一緒に開梱し、裏に日付と木の種類（サクラとクルミ）を書いてもらいました。

コンドル自由箒／山崎産業

家族も掃除しやすい「学校のほうき」

今私が一番好きな家事……それはほうきでの「掃き掃除」です。

　きっかけはステイホーム期間。子どもたちが家にいるのなら、学校の「掃除の時間」のようにほうきで掃除をしてもらえたら助かるな～というのが始まりでした。今では私の方がすっかりハマってしまい(笑)。フローリングの溝まできれいになり、巾木《はばき》のほこりもよく取れるので気持ち良い。また、朝でも夜でも音を気にしなくて良いので気楽です。ほうきは充電も気にしなくて良いし、フィルターをきれいにする必要もないので、「ロボット掃除機より、ほうきの方がラクなのでは？」とさえ思うようになりました。

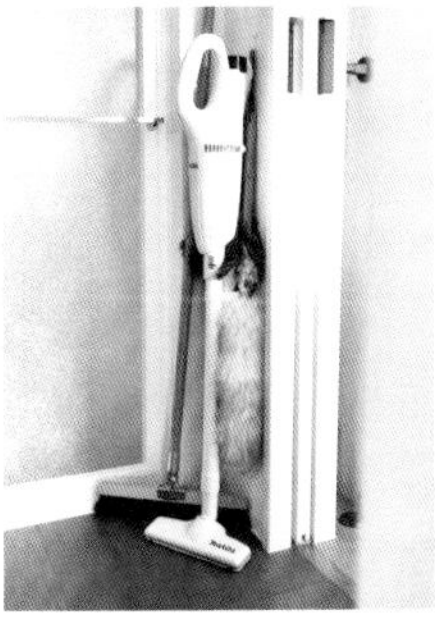

掃除用具はリビングの死角になるお風呂の前に収納。掃除機とはたき、ハンディモップはフックに掛けて。

CLOUD SOFA 2P／MOMO NATURAL

模様替えをしやすい、背が見せられるソファ

自宅のリノベーションを機に14年間使ったソファを買い替えました。新しいソファを選ぶ際は、Part2でもお伝えした「今使っているモノの良かった点、悪かった点」をまず整理。「カバーが洗える」「背が低くて部屋が広く見える」など良かった点は活かし、「幅180センチで置く場所が限られる」など悪かった点を改善するモノを探しました。

家族でお店に何度も足を運び、ようやく決めたのは、幅が約150センチの背面がかわいいソファ。コンパクトかつ、背面が見せられるので、リビングの中心にソファを置くレイアウトも可能になりました。しかも私ひとりでも動かせる軽さで、模様替えが好きなわが家にぴったりです！

コーデュロイの生地を娘がとても気に入ったのも決め手。カバーは外して洗えて、買い替えも可能。

IKEA PS 2014 ベンチ／イケア ※販売終了

組み合わせでいろいろ使えるベンチ

イケアで購入した屋外用のふたつのベンチは、組み合わせていろいろな用途に使い回せるので、わが家で大活躍しています。

ダイニングのイスを探しているときは仮置きとして(おかげで背もたれがなくても問題ないとわかりました!)。来客の際は座っていただくベンチや物置き台として。ふたつ組み合わせて子どもたちの即席卓球台として。何通りもの役割を担ってくれています。

折りたたむと薄くてコンパクトなので、壁に立てかけておいても存在感がありません。

ひとつはクローゼットに収納し、もうひとつはリビングに出しっぱなしにして、必要なときにサッと使いやすいようにしています。

子どもたちはベンチと、あるモノを組み合わせて卓球台にして遊んでいます。友達が来たときも大活躍！

ずっと愛用している、使い回せる家具

わが家の家具は、暮らしが変わっても使い回せるフレキシブルなモノ。特にオープンボックスとスチールラックは便利に使い回せるので欠かせません。

国産ひのきのオープンボックス／OURHOME

木製のオープンボックス

木製のオープンボックスは自由度が高く、組み合わせ次第でいろいろな用途に使い回せます。おもちゃ収納に、テレビ台に……。無垢材なので、経年変化を楽しみながら長く使えます。奥行き35cmのものをOURHOMEオリジナルでつくりました。

リビングの収納棚として5つのオープンボックスを組み合わせ、おもちゃや図鑑、アルバムなどを置いています。

子どもの学習スペースの収納棚として2段重ねで使用。本棚とランドセル置き場、飾り棚としての役割も。

テレビ台代わりに。上部両脇に「桐のはこ。」を置き、更に板を乗せレコーダーを収納できるようにしました。

メタルラック／アイリスオーヤマ

スチールラック

棚の高さが変えられて、重いモノが置けて、追加パーツが豊富なスチールラック。結婚当初からキッチンや衣類の収納に大活躍。引っ越し後も、リノベーション後も用途を変えながらずっと使い続けています。どのメーカーにもある幅約90cm、高さ約180cmの定番サイズが使いやすく、汎用性も高いです。メーカーをそろえるのがおすすめ。

以前の住まいでは洗面所の収納ラックとして使用。脚にアジャスターをつけて、高さを調整していました。

服の収納もスチールラック。キャスター付きで動かしやすく、リビングを広くしたいときはこのようにしまえます。

キッチンカウンター代わりにも。オープン収納でキッチンからもダイニングテーブルからも食器が取り出せて便利。

鉢やカバーの色みをしぼる　わが家のグリーン選び

夫は植物を育てるのがとても上手。ほとんど枯らさないので「グリーンハンド」と呼ばれているくらいです(笑)。夫と一緒に鉢やカバーなどを買うときに意識したのは、黒、白、グレーなどモノトーンのモノを選ぶこと。その上で、植物のお世話が簡単にできるような機能や工夫もあるといいな、と思いながら探しました。

わが家のシンボルツリーはウンベラータ、ゴムの木、エバーフレッシュの3本。それぞれのポイントを夫に聞くと、「ウンベラータは1本あるだけでインテリアがいい感じになるし、枯れにくくて強い」「ゴムの木は暑さと寒さに比較的強くて育てやすい」「エバーフレッシュは葉が夜になると閉じて、朝開くところが、生き物感があって子どもも楽しめる」とのこと！

天井から吊るせる
ハンギングネット

リノベーションで天井にダクトレールをつけたことで、「吊るす」飾り方が楽しめるように。コウモリランを雑貨店で見つけたグレーのネットに入れて吊り下げています。

東芝ライテックのライティングレール用フックをはめ、そこにネットを吊るしています。

丈夫でシンプルな フラワーベース

ユーカリを飾るフラワーベースは、たっぷりとしたサイズ感で余計な装飾のないもの。ガラスに大きなユーカリを入れると部屋が垢抜けるため、欠かせません。

マットな質感の プラスチック鉢

マットな質感で陶器のように見える鉢ですが、実はプラスチック製。育てやすいエバーフレッシュを入れています。イケアのキャスター台に載せているので、移動も簡単。

おしゃれに隠せる鉢カバー

好みの鉢が見つからない場合はカバーで隠すのもひとつ。これは植木店で見つけたフェルト製で、たためるのが◎。家にあった板にイケアのキャスターをつけて可動式に。

トレイ不要の植木鉢

ウンベラータを入れている鉢はイタリアのハイドポット。鉢とトレイが一体化していて、すっきり見えます。余分な水は底にたまり、それをまたグリーンが吸う仕組みで、お世話がラク。

家の中のモヤモヤをモノ選びで解決！

困ったことがあったら、「人を責めずに、仕組みを変える」のがわが家のルールです。モヤモヤしたり、間でケンカになりそうなことがあったりすると「困りごとを解決できるモノはないかな？」と考えてみます。

たとえば家族がモノを出しっぱなしでイライラするなら、「またしまってない！」と責めるより、出しっぱなしでも気にならないデザインのものを探してみる。夫がお風呂掃除担当なのにあまり掃除をしてくれないなら、夫がやりやすい掃除の仕組みやグッズを一緒に考えてみる。

ほとんどの困りごとは、実は「モノ選び」で解決できるのでは？　と思っています。

ケンカ予防になる子ども専用のカップ

子どもたちがカップの取り合いすることがあり、それぞれに専用のカップを購入。息子は応援しているサッカーチームのモノ、娘は好きなキャラクターのモノを。

組み合わせを考えなくていいお箸

どれが誰のお箸なのか組み合わせを考えるのが面倒で、家族全員同じ無地のお箸（イシダの「わが家のお箸」）を使っています。みんな同じなので迷わない！

誰のものかすぐわかる カラフルな靴下

靴下は黒で統一していましたが、夫と息子の靴下を間違えて収納することが多い私のために、夫がカラフルな靴下を導入。ひと目で判別できるようになり感謝！

中身がわかりやすい 食品用のガラスびん

「ひと目で中身がわかった方が使いやすい」という夫の意見を取り入れ、調味料や乾物はWECKのガラスびんに詰め替え。広口で、出し入れも手入れも簡単。

夫が掃除しやすい 柄つきのお風呂ブラシ

夫が「浴槽の中に入って風呂を洗うのが面倒」と！　スポンジを柄つきブラシに変え、浴槽に入らず洗えるようにすると、面倒臭がらず洗ってくれるように。

ワンタッチで掃除できる トイレのアルコールスプレー

家族が掃除しやすいように、掃除用のアルコールをジョンソンのプッシュ式に変更。スプレーは掃除のときに両手を使いますが、プッシュ式なら片手でOK。

Washroom

洗面所のモノ選びのルール

生活感が出やすい洗面所では、リビングとは反対にクールな印象が出るモノや素材を選んでいます。洗面台はモルタル風の塗装にし、洗面ボウルはシルバー×ホワイトの直線的なデザインに。置くモノも、洗濯カゴはグレー、フェイスタオルはネイビーと、ダークカラーが中心です。モノの色をしぼることで、スペース全体に統一感を持たせることができます。

セブンプレミアム ライフスタイル 極ふわ贅沢仕上げフェイスタオル ネイビー／セブンプレミアム（セブン＆アイ・ホールディングス）

コンビニで見つけたふわふわタオル

毎夏、息子のサッカー合宿のタイミングでタオルを交換しているわが家（10枚持っていくので家じゅうのタオルがなくなります！）。愛用していたタオルが２年前に廃盤になってしまい、新たに「１枚５００円以下」「汚れが目立ちにくい濃いめの色で、裏表を気にせず使える無地」「かさばらないくらいの厚さ」という条件で探して見つけたのは……なんとコンビニのタオルでした！　セブン＆アイのオリジナル商品で、お値段３９８円（税抜）。手触りも本当にふわふわで、家族にも好評。しかもコンビニで買えるという手軽さがうれしい！

ピンときても、まずは１枚だけ購入。とても気に入り、翌日近所のコンビニを回り買いそろえました（笑）！

リ：プラチナム シャンプー・トリートメント、詰替用専用ボトル／アジュバン

家族全員で使えるエコパックシャンプー

美容師さんに教えてもらった「リ・シャンプー」のシリーズは、肌にやさしい成分でできているもの。私にはとても合っていたようで、使い始めてから髪質が変わってきました。

最近は家族全員これに統一し、大容量の詰め替えタイプに変更。詰め替えはエコパックになっていて、中身を入れ替えずに袋ごとボトルにセットする仕組みです。専用ボトルは必要ですが、一度買えばずっと使えます。

シャンプーの詰め替えは容器を洗うのが面倒ですが、これなら容器が汚れないのでストレスフリー。パックにポンプを差し込むだけなので詰め替え作業も簡単です。

詰め替え用エコパック。逆さにして袋ごと容器に入れ、ポンプを差し込んで使います。最後に袋をしぼらなくても使い切りやすい。

BROGRUND タオルホルダー バー3本／イケア

ちょこっと室内干しができるミニ物干し

子どもが成長するにつれて、乾燥機にかけられない小さな洗濯物が増えてきました。でもピンチハンガーは干すのが手間……。そこでイケアのタオルホルダーを洗濯機近くの壁に取り付け、ミニ物干しとして使うことにしました。意外とたくさん干せて、使わないときはたためるのがちょうどいい！

イケアは定期的に訪れ、チェックしているお店のひとつ。「BROGRUND／ブログルンド」シリーズは、マットなシルバーがお値段以上に高級感があって、気に入っています。洗面所に収納するものだけを干すようにしているので、洗う→干す→しまうが簡単です。

壁につけてたたむとこんなにコンパクトに。ピンチハンガーほど場所をとりません。

DIMPA　分別用バッグ　ダークグレー／イケア

軽くて折りたためる洗濯カゴ

私が洗濯カゴに求めるのは、「軽くて持ち運びがラクなこと」かもしれません。洗濯をするときは、洗濯カゴを片手で持ち、もう片方の手で洗濯物を洗濯機に入れていくので、軽ければ軽いほどうれしいのです。また、洗濯カゴは洗濯機のすぐ横に置きたいけれど、できれば洗濯物が見えないものがいい……。

これらのポイントを重視して選んだのが、オフィスでも使っているイケアのポリプロピレン製バッグ。もとはゴミの分別バッグですが、とにかく軽くて丈夫で、ダークグレーの色合いもかっこよく、わが家の洗面所スペースにもぴったりのサイズ感でした。

ポリプロピレン製なので、使わないときには折りたたむこともできます。

洗濯カゴとして使うには通気性が少し気になりましたが、軽くて毎日の洗濯がラクなこと、見た目が好みで見ていて気持ちが良いことを優先しました。

たらい／野田琺瑯

直火にかけられる琺《ほう》瑯《ろう》のたらい

琺瑯のたらいを直火にかけ、酸素系漂白剤を入れて綿の衣類をぐつぐつ煮ると、黒ずみや汗の黄ばみなどがとれて真っ白に！

このたらいは煮洗いに料理用の鍋を使うのは少し抵抗があり、用意したものです。

煮洗いだけでなく、衣類のつけ置き洗いにも使え、寒い日には足湯も楽しめます。お湯が冷めてきたら直火であたため直せるので、足し湯がいらないのも琺瑯のいいところです。

煮洗いに使っているトングは、双子の哺乳瓶を消毒するのに使っていたものです。真っ白で飽きのこないデザインを選んでいたおかげで、12年経っても使い回せています。

使用頻度は高くないので、洗面所の棚の最上段に収納。大きめですが、壁の色となじみが良く、気になりません。

出しっぱなしにしたくなる
アイロン台&アイロン

デザインにこだわって見つけたアイロン台は、木製の脚がお気に入り。家具のように見えてインテリアになじむので、出しっぱなしにできます。シャツが好きなので今はアイロン台が必須ですが、いずれ服の好みが変わって使わなくなったら、飾り台として使ってもいいな、と思っています。

霧吹きを使うので、アイロンはスチーム機能なしのドライ専用品で充分。パナソニックのドライアイロンは低価格な上、お手入れもラク。自分には必要ない機能を見極めることも大切です。

シルバー×ブラックの、機能美を感じられるデザインが好きなので、アイロン台と同様、出しっぱなしでも気にならず、アイロンがけのハードルを下げてくれます。

アイロン台L ブルー／東谷、自動アイロン(ドライアイロン)NI-A66／パナソニック

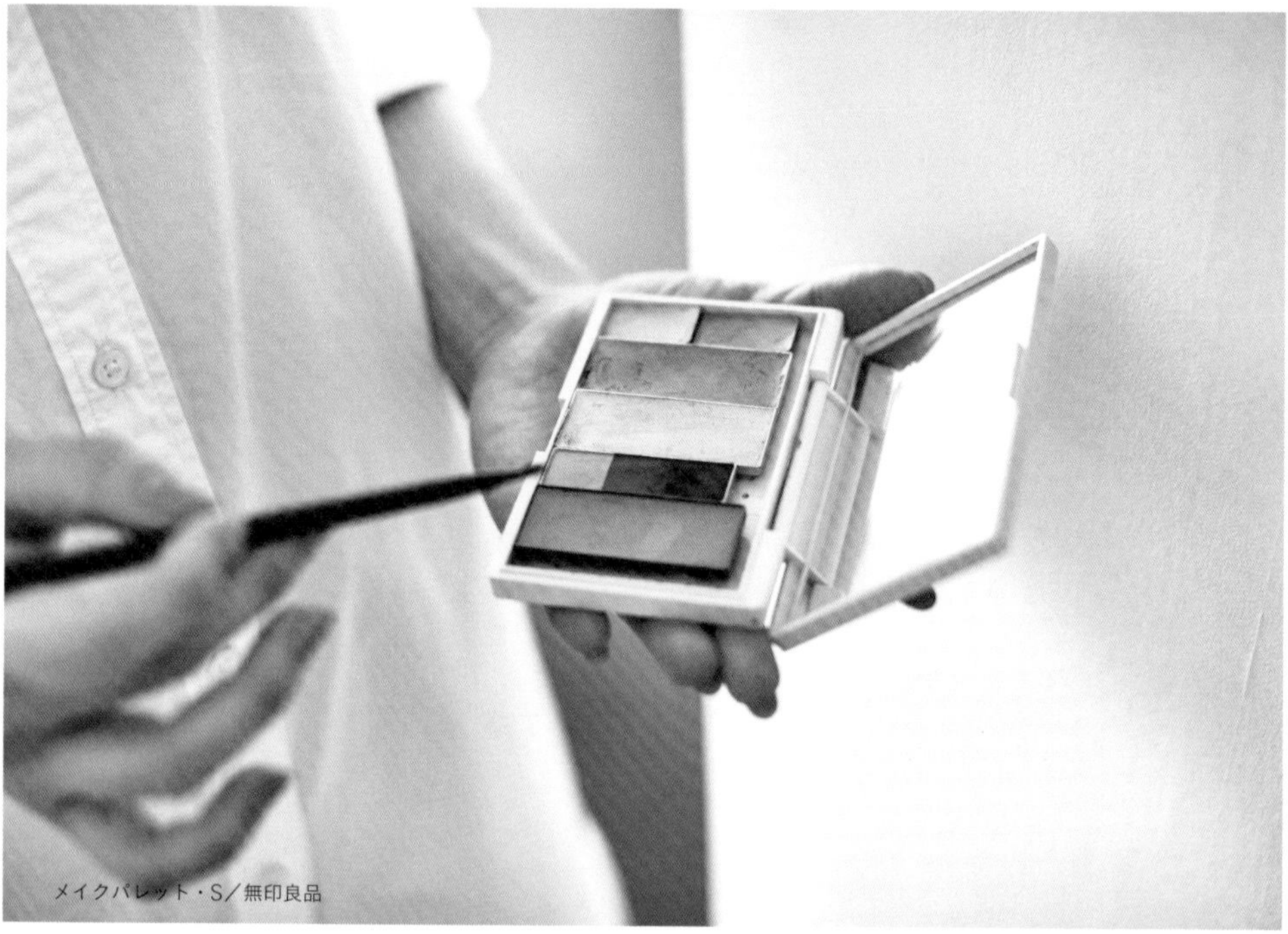

メイクパレット・S／無印良品

朝時間を助けてくれるメイクパレット

「メイク時間を短縮しよう！」と思い立ち、たどり着いたのは無印良品のメイクパレット。色物のコスメをひとつのケースに集約できるアイデア商品です。もとはバラバラだった、手持ちのコンシーラー、アイカラー、アイブロウ、チークをパレットにセット。容器の開閉が1回で済み、使う順番に左から並べてさらに時短。毎日メイクするのが本当に気持ち良くて！「なんとなく」ではなく「これがいい！」と選んだモノを使うことが、日々自信を与えてくれることを実感しています。

　コスメを買ってすぐケースを捨てるのにも抵抗感が生まれてきて……。自分の定番を新たな視点で見直すきっかけになりそうです。

化粧品の収納はOURHOMEのメイクポーチに。ジッパーを閉めるだけで旅行や出張にそのまま持ち出せる。

とってもよく吸う「ごくふわ」ヘアキャップ／UCHINO TOWEL GALLERY

あえて専用のモノを買った吸水ヘアキャップ

一緒に働くスタッフから「髪を乾かす時間を短くするためにタオルキャップをかぶって湯船に入るんです」と聞きました。

これまで私はお風呂上がりにフェイスタオルを頭に巻いていましたが、ときどき取れてしまうのがストレスに。毎日使うモノを見直すと時短にもつながるので、早速画像検索で探してみることに。ピンクや水色などの派手な色のものが多く出てきたのですが、私は絶対リビングなどにポイッと置くと思い（笑）、どの場所にもなじみそうなベージュを選びました。

「できるだけ専用のモノは持たない」ように心がけていますが、このタオルキャップは想像以上に便利でやみつきになりました！

使用後は洗面所背面の棚にＳ字フックで吊るしています。乾燥させながら収納。

家族が時間の意識を持てるよう、家じゅうに時計を飾る

「子どもに『早くしなさい！』と怒ってばかりなんです」という方に必ずお聞きするのは、「今、ご自宅に時計はいくつありますか？」ということです。お話を伺うと、「リビングにひとつだけ」「テレビの画面で確認しています」ということも。子どもに時間を意識させるためには、まず家に時計をたくさん置くのが効果的です。

　わが家では、8個の時計を使い、さらに朝は出発3分前にスマホのアラームもセットしています。時計を選ぶ際は、間に合わせでは買わず、少し価格が高くても気に入って長く使いたいと思うモノを探します。また、子どもたちでも分かりやすいように、必ず数字が読みやすいモノを取り入れるようにしています。

リビング

リビングの時計はリキクロック。大きめで、ほかの家具と統一感が出る木のフレームを選びました。時計は基本、飾る場所を入れ替えてもなじむように選んでいます。

娘のデスク

娘専用の目覚まし時計を探しに一緒に買い物に出かけ、雑貨店で見つけました。どんなモノ選びでも子どもの「好き！」という感情を大切にしたいな、と思っています。

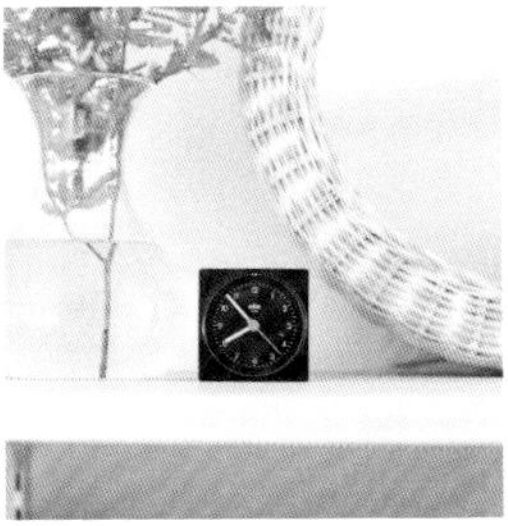

玄関

子どもたちが小学生になって、出発時間を確認するために玄関にも時計が必要に。別の場所で使っていたBRAUNの小さな時計が、この空間にもなじんでくれました。

寝室＆デスク

BRUNOのリトルクロックは、学童の父母会からのプレゼント（私が担当でした）。中学生になっても使えるデザインが決め手になりました。

息子のスペース

息子のスペースの壁には、子どもたちの2歳の誕生日に贈ったレムノスの時計を。数字に興味を持ち始めた当時、やさしい雰囲気に一目惚れして買った記念の品。

寝室

息子が朝起きられなくなった時期に話し合い、「自分の目覚まし時計が欲しい」と本人が選んでケユカで購入。スマホのアラームより、すっきり目覚められるように！

洗面所

洗面所にもリキクロックを。狭いスペースなので小さめのサイズ。無機質になりがちな空間なので木のフレームにして、バランスをとっています。キッチンからも見える位置なので、料理中もパッと時間を確認できて便利。

Closet

クローゼット＆玄関のモノ選びのルール

共通するのは「動かせる」こと。わが家のクローゼットはいずれ夫婦の寝室にする予定なので、可動式のスチールラック収納に。業務用の倉庫のような雰囲気を目指して、アイテムをシルバーで統一しました。玄関の棚も可動式で、靴の数が減ったら、余裕のあるディスプレイに変更できます。どちらもオープン収納なので、置くモノは「見えてもいいモノ」を選ぶように心がけています。

Entrance

衣類ラック／STORAGEWORKS

たためて持ち運べるハンギングクローゼット

服の好みが変わり、秋冬はよくニットを着るようになりました。ハンガーに掛けるとかさばるし型崩れするので、ハンギングクローゼットを導入しました。

　こだわったのは奥行きの深さと、強度のある素材（不織布はＮＧ）、そしてコンパクトに折りたためること。色は白だと浮くので、グレー系のモノを探しました。

　簡単に持ち運べるので、オンシーズンはメインのラックに掛けておき、オフシーズンは奥のラックへ移動させるだけでＯＫ。面倒な衣替えも一瞬で終わります。

使わないときは、折りたたんで収納できます。とてもコンパクトなのでスペースを圧迫しません。

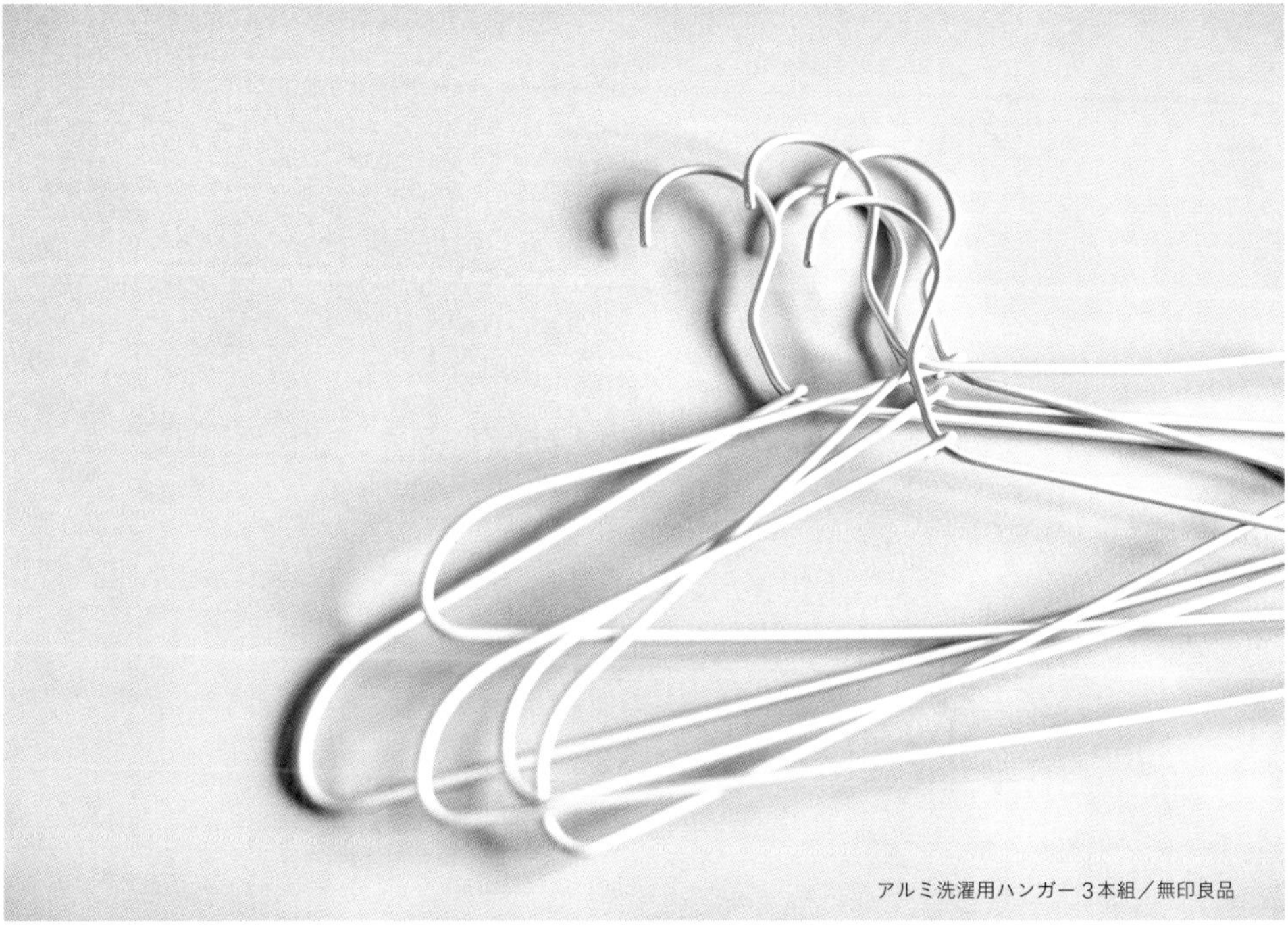

アルミ洗濯用ハンガー３本組／無印良品

薄くてシンプルなアルミハンガー

薄くてすべりやすく、服を掛けたり取ったりがスムーズなアルミハンガー。子どもたちも大きくなったので、子ども用ハンガーをやめ、家族全員のハンガーを統一しました。物干し用のハンガーも持たず、同じハンガーに洗濯物を干し、そのままラックに戻します。

いろいろな種類のハンガーがありますが、わが家で使うハンガーは一種類だけ。ハンガーの種類をひとつにしぼる最大のメリットは、洗濯物を干すときに「この服はあのハンガーで……」と考えなくていいこと。どれも同じハンガーなら、機械的に干せるので、迷わなくてラクです。

すべり落ちる服はピンチでとめて干します。愛用しているのは松野屋のアルミピンチ。キッチンでも大活躍。

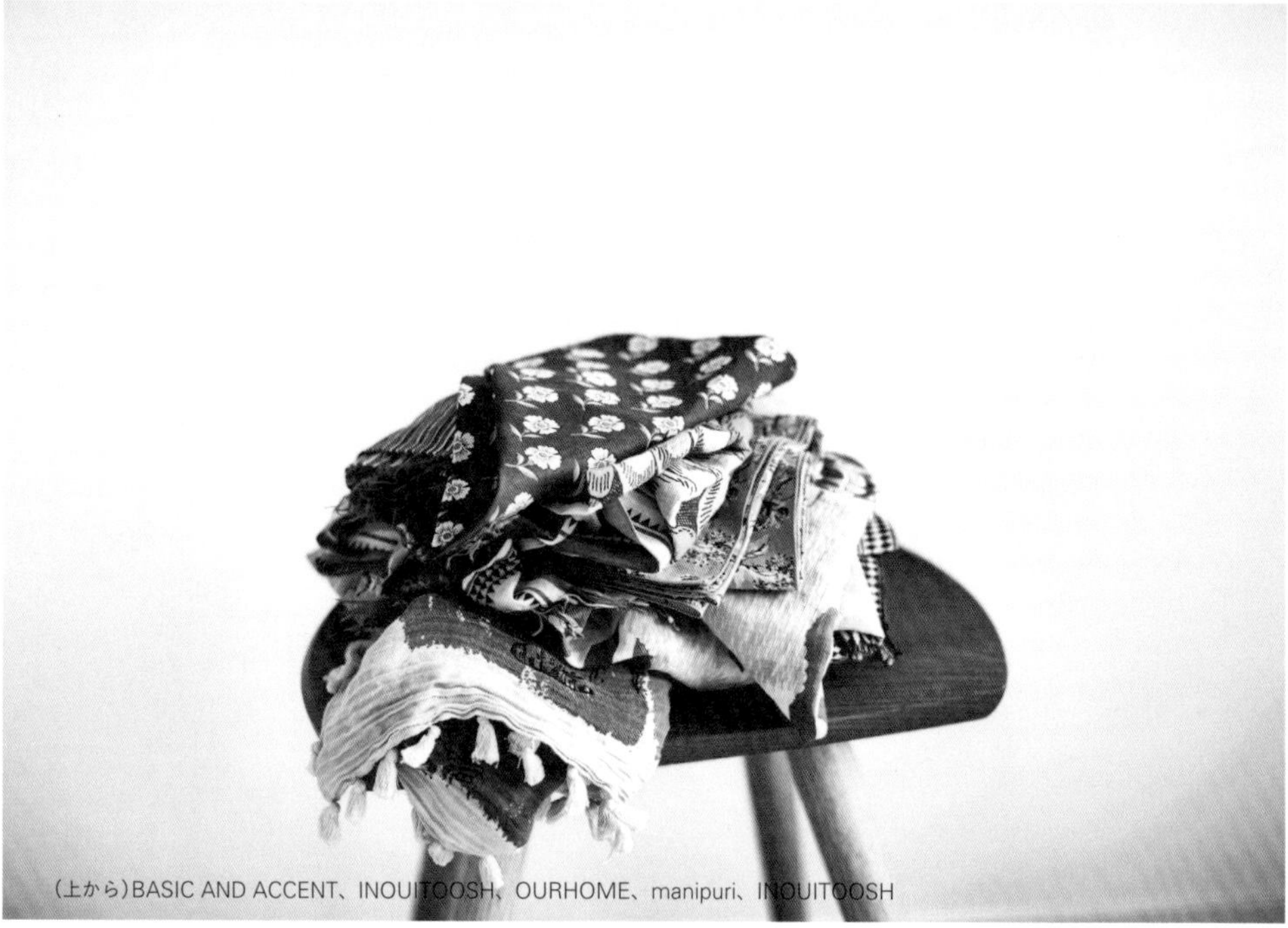

(上から)BASIC AND ACCENT、INOUITOOSH、OURHOME、manipuri、INOUITOOSH

1枚で服の印象を変えてくれるストール&スカーフ

柄の服は印象的だからこそ、どれくらいのペースで着るか気を遣うもの。でも、ベーシックな服にいろいろな柄のストールやスカーフを合わせると、それだけで服の印象は変わります。服に比べて場所もとらないので、たくさん集めてコーディネートにバリエーションを出すことができます。

巻くだけで簡単におしゃれに見せてくれるし、季節を選ばず使いやすいので、コスパがいいのもポイントです。夏は洗える素材のものを首に巻き、日よけにすることも。ストールだけでなく、ハンカチやバンダナを合わせることもあります。ふんわり巻くよりもコンパクトにまとめるのが好きです。

シンプルなカットソーもこんな風に。巻き方によって出る柄が違うデザインは巻くたびに新鮮な気持ちに。

綿100%のボーダーカットソー／OURHOME

ボーダーカットソーは毎年更新

高校生の頃から大好きなボーダーのカットソー。私服面接だった第一志望の会社にも着て行ったほど、私にとってアイコンのような存在です。でも、ずっと着ていると少し変えたくなってくるもの。若い頃着ていたベーシックな形は卒業し、色や形を更新しながらそのときの気分に合うモノを楽しんでいます。

前面がボーダーでバックは無地のデザインだったり、色を変えてキャメルやベージュを取り入れたり。遊びがあるとボーダーも新鮮に感じます。今年選んだのはあえて白と黒のシンプルなボーダー。色はベーシックでも、肩落ちのゆったりシルエットで体形をさりげなくカバーしてくれるのがポイントです。

上／ずっと定番だった色と形。ぴったりフィットするデザインで今は着られません。下／昨年は色を変えて。

（左から）MODE ET JACOMO、ramble dance、FABIO RUSCONI

靴は白・黒・シルバーを必ず持つ

靴は白、黒、シルバーを欠かさず、常に買い替えてそろえています。この3色さえあればどんな服にもだいたい合い、足元のコーディネートに迷うことが減ります。一年中履けて、きれいめとカジュアル両方に合うのもポイントです。

今はスリッポンの気分で、すべて紐なし。以前はレースアップも好きだったのですが、少しかわいらしく感じるようになってきたのでメンズライクなものにシフトしました。紐を結ぶ手間もなくなってすっきり！

靴の購入は「ロコンド」という靴&ファッションの通販サイトを使うことがほとんどです。自分が気に入る靴を店舗で見つけるのはなかなか難しいのですが、専門店なら種類もサイズも豊富で見つけやすいです。

通販では新しいブランドには挑戦せず、選ぶのは決まったブランドだけ。いつも買うところなら自分の足にぴったりなサイズがわかっているので、失敗しにくいです。

軽くて丈夫な折りたたみ傘／OURHOME

傘は折りたたみ傘だけ

わが家は車移動が多いこともあり、大きな傘がいらないので、大人用の傘は折りたたみ傘だけにしぼりました。

折りたたみ傘のポイントは、軽くて持ち運びができ、使わないときはコンパクトにたためてかさばらないこと。

晴雨兼用のモノにすると日傘も買わずに済みます。

収納場所は玄関のカゴの中。雨の日に使ったあとは広げて干し、乾いたらたたんでカゴにしまいます。

男女どちらでも使える色と柄を選んだので、夫と兼用で使っています。

子どももランドセルの中に各自で選んだ折りたたみ傘を常備。子どもたちは、大雨の日には長い傘を使用。

スリッパ／mianshe

丸洗いができるソフトスリッパ

リノベーション後、フロアマット生活からフローリング生活になり、スリッパを履くことが増えました。

無地の丸洗いできるスリッパを探して見つけたのが、このソフトスリッパ。クッション性が高く、履いていると疲れ方がまったく違います。

色は、静電気で髪の毛などのゴミがついても目立たないように、黒にしました。厚みがあるので重そうに見えますが、とっても軽い！　来客用にも5足ほどそろえました。

しっかりした素材なのに、価格も手頃で、とても気に入っています。

冬はネットで見つけたmicollaの足首まであるルームシューズで冷えを防止。裏はすべりにくい素材で、同じく洗濯機で丸洗いできます。

メガリュック／ワークマン

防災用ヘルメットまで入るメガリュック

ワークマンで見つけたリュックはなんと1728円（税抜）！　ポケットが多く、小さく折りたたむこともできて機能性抜群です。容量も約30ℓと大きく、最低限の食料からヘルメットまで、たっぷり入ります。わが家では、雑誌の付録についていたリストをもとにそろえた防災グッズを入れています。

　防災グッズを選ぶときに心がけているのは、防災専用のモノではなく、アウトドアなどほかのシーンでも使えるモノを選ぶこと。また、ストレスの多い非常時に使用するモノなので、少しでも気持ちよく使えるよう、機能面でもデザイン面でも、できるだけ気に入ったモノを選ぶことです。

上／年に一度中身の見直しをします。
下／持ち出しやすいように玄関横のスチールラックの最下段に収納。

「掛ける」「吊るす」収納のためにフックを取り入れる

「家族がちょっとしたモノをつい床や棚に置いてしまうから、なんとなく家が雑然としています」というお悩みをいただくことがあります。どんなに片付けをしていても、生活していればモノが増えていくもの。つい床に置きたくなる気持ちはよくわかります。それを解消するために、わが家ではフックを活用して「掛ける収納」や「吊るす収納」を実践しています。以前、お客様のご自宅で収納アドバイスをしていた時も、たくさんフックを持って行っていました。「壁に穴をあけたくない」と敬遠される方もいるかもしれませんが、今はマグネット製のモノや跡が目立たないモノなど種類も豊富。用途に合わせてフックを活用すると、すっきり過ごしやすくなります！

バナナを掛ける

果物は生っていたときの形状で保存するのが一番良いらしく、昔からバナナは吊るして収納しています。専用のスタンドがなくても、フックに吊るすだけで充分！

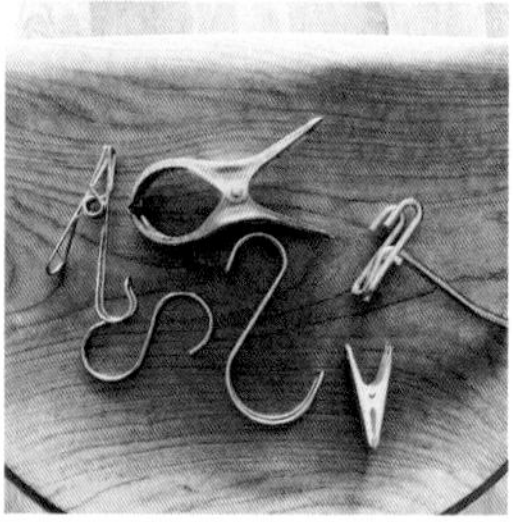

フックはシルバーが基本

どこでも安く手に入るフックですが、赤や青を選ぶと一気に生活感が出ます。シルバーなら目立たず暮らしになじんでくれます。壁の色に合わせて白も併用。

貼ってはがせる 粘着テープ製フック

ネジやマグネットが使えない場所には、3Mの粘着テープ製フックを。わが家では洗面所の三面鏡の裏につけてヘアゴムかけに。はがせるので、賃貸住まいの方にも◎。

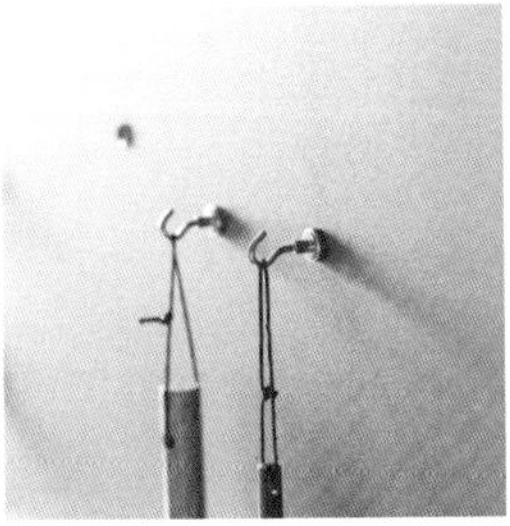

デザインもGOODな マグネット製フック

マグネット製フックは、インテリアになじむデザインのモノを探してAmazonで購入。天井にくっつけてぶら下げるようにも使えます。今は玄関扉の掃除道具の収納に。

跡が目立たない 石膏ボード用フック

3本のピンで固定する石膏ボード用フック。簡単で丈夫で跡も目立たない、わが家の定番品です。洗面所では壁の色に合わせて白のモノを取りつけ、掃除機を掛けて。

頑丈でぐらつかない スチールラック用フック

スチールラックのオプションフックは、頑丈でぐらつかず安定感抜群。今まで何度リピートしたかわかりません。クローゼットでは、一度履いたボトムの風通しや小物掛けに。キッチンでも愛用中。

二重構造の 横ブレしにくいフック

「ステンレス横ブレしにくいS字フック」(無印良品)は二重構造で使い方の幅が広くてお気に入り。リングに通してアウトドア用バッグにつけっぱなしにしておくと、フェンスなどにひっかけられ便利。

Bedroom

ベッドルームの
モノ選びのルール

4畳の寝室は安全を最優先に。防災のためにも、腰より上にモノは置かないようにしています。ベッド代わりにマットレスと掛け布団を使っているので、家具も置いていません。心地良い眠りにつけるように、寝室では「やさしさ」と「清潔感」を大切にしています。木と白を取り入れ、清々しい気持ちで朝を迎えられるように。

室内物干しワイヤー pid 4M／森田アルミ工業

使うときだけ引き出せる布団干し用ワイヤー

つい最近取り入れた、布団を干すための物干しワイヤー。「平日も手軽に布団を干したい」「花粉がつかないように室内干しにしたい」、という条件で探しました。天井にバーを取り付けるものや窓枠に取り付けるものなどいろいろありましたが、こちらは使わないときはワイヤーがしまえること、災害のときに落ちてくる心配がないことが決め手に。

取り付けたあとは毎日布団を干せるようになってすっきり！

最近、ほこりを気にしてマットレスの下に敷いていたロールすのこをやめました。毎日マットレスを上げ、掃除しているので、寝室の空気がより清々しくなった気がします。

タブをひっぱるとワイヤーが引き出せます。対面の壁に取り付けたフックにひっかけてロックする仕組み。

Warm Light Small / CARRY THE SUN

やわらかい灯りのソーラーランタン

やわらかい灯りのこのランタンは、ソーラー充電式なので、停電のときも安心。日中、窓際に置いておくだけで、半日使えます。

防災グッズのひとつとして購入したモノですが、普段は寝室の間接照明としても愛用。寝る前は明るすぎないライトをつけて過ごしたいので、本を読んだりマイノートを書いたりするときに、ほんのり灯るこのランタンの光がちょうどいいのです。

防災グッズとしても優れていて、ＳＯＳを出すための点滅モードもあります。何より乾電池がいらないところが優秀！

たたむとこんなにぺたんこ！　かさばらなくて郵便でも送れるので、ギフトにもぴったりです。

ルームワンピースほか／OURHOME

パジャマのパターンを決めておく

同じ形のルームウェアを洗い替えで3着持ち、寝るときも一年中同じモノを着ています。スウェットなどよりやわらかい印象に見えるワンピースがお気に入り。

夏は入浴後に1枚サッとかぶって、寝る前にレギンスをはくだけ。冬はインナーとレギンス、レッグウォーマーをプラスします。季節ごとにかさばるパジャマの入れ替えがなく、収納にも余裕が出ます。

パジャマは毎日洗濯したいので、乾燥機にかけられる素材を選びました。

私は帰宅後すぐ入浴して着替えるので、パジャマを毎日12時間着ている計算に。だからこそ好きなモノを選びたいな、と思います。

寝る前にネックウォーマーをつけて首元をあたためます。夏も冷房対策でつけることが多いです。

麦の温冷アイピロー　ラベンダー　ストライプスグレー／KLIPPAN(e.oct)

使い捨てをやめ、小麦のカイロに

使い捨てのアイマスクをやめ、繰り返し使える「小麦のカイロ」に変えました。小麦がもともと保有している水分を温めたり冷やしたりすることで温度を長く保つそうです。

目だけでなく肩やお腹など、どこでも温めることができるので、それぞれの部位専用のカイロを買わなくても良いのが助かります。

冬は毎日布団に入れて湯たんぽがわりに使い、あたたかく就寝できるようになりました。

冷蔵庫で冷やして使うこともできるので、季節を問わず一年中活躍しています。

繰り返し使えるカイロにも色々とありますが、このカイロはカバーを外して洗えること、時間を置かなくても温め直しができること、使用回数に制限がないことなど、機能性が抜群！

使い捨てカイロと比べると、一見高価に感じますが、何度も繰り返し使えるので実はとっても経済的です。

壁に付けられる家具・長押／無印良品

付ける場所を自分で選べる長押《なげし》

寝室に入ってすぐの足元に、無印良品の「壁に付けられる家具」を設置して、小さな収納スペースをつくっています。

今置いているのは保湿用の乳液と、寝る前につけるイムネオール（子どもたちも大好きな香り！）、リトルクロック、メガネです。

また、イケアのミニゴミ箱を引っ掛けて、コンタクトレンズなどちょっとしたゴミを捨てられるように。

床から近いところに取り付けたので、モノを置いても圧迫感がなく、もし地震があっても上からモノが落ちてこないので安心です。

寝る前はYouTubeを見ながら寝たままできるヨガを。長押にスマホを置くと、ちょうど目線の高さに。

収納がないから工夫していること

2年前のリノベーションの際に目指したのは、「フレキシブルな家」。スペースをなるべく広く使えるように、あえてつくりつけの収納をゼロにしました。

生活が変わると使うアイテムも収納するモノも変わります。今は大きな収納が必要でも、将来は半分でいいかもしれない。それなら、そのときどきに必要な量を収納できる仕組みをつくればいい、と考えました。

収納がないからこそ工夫が必要。オフシーズンの布団の収納が課題だったのですが、クリーニング店の保管サービスを頼ることに。

サービスや「モノ選び」で収納量をコントロールできると、より快適に暮らせます。

スーツケースはレンタル

年に一度、夏休みの家族旅行に使うだけなので、所有せずにネットでレンタル。毎回違うモデルを楽しめる点もメリットです。

布団は保管サービスを利用

オフシーズンの布団はクリーニング店の保管サービスを利用。宅配キットに入れて送るだけ、と簡単。良心的な価格も決め手に。

ビジネス書は電子書籍で

本の手触りや佇まいが好きで、基本的に紙の本を買うのですが、本を読むペースが上がって最近はビジネス書のみ電子書籍に。

手ぶらで行けるキャンプ場

子どもたちが小さい頃からアウトドアを楽しんできました。キャンプ用品は買わず、すべてレンタルできるキャンプ場を選んで。

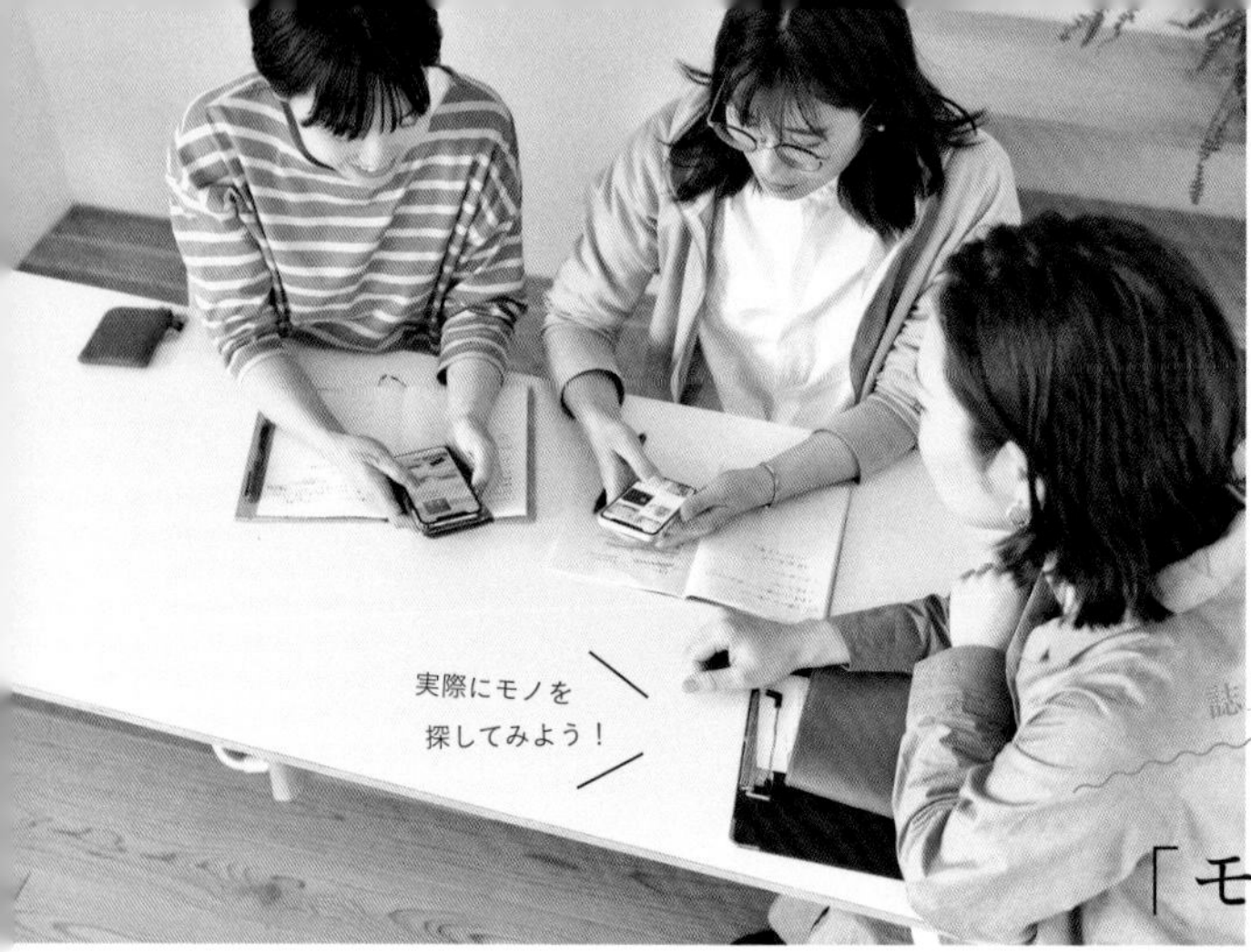

誌上レッスン開催！

「モノ選び」のルールの見つけ方をEmiが伝授！

後編

前編のまとめ(P28～)

スタッフふたりが購入履歴を振り返り、自分のモノ選びのルールを発見。実際に欲しいモノのポイントを３つ挙げました。

吉田さんのモノ選びルール

- ◯ 最終的に買うときだけでもひとりで行ってゆっくり選ぶ
- ◯ 好きな服の素材はポリエステル
- ◯ お気に入りの服のサイズを測っておいて参考にする

探しているシャツのポイント

- ◯ 素材はポリエステル100%
- ◯ 愛用のシャツに近い、ベーシックなシルエット
- ◯ 無地

友廣さんのモノ選びルール

- ◯ 間に合わせや送料対策で無理やり買わない
- ◯ 家電は「今使っているモノのいいところ」「次に買うならこんな機能が欲しいな！」という点を、時間をかけて考えて書き出す
- ◯ 水回りで使うモノは黒を避ける

探している目覚まし時計のポイント

- ◯ 横20cm×縦10cm程度でデジタル表示
- ◯ ベッドの足元に置いても聞こえる音量
- ◯ 白で装飾が少ない
- ◯ 予算は3000円

STEP 3 欲しいモノを探すときは「画像検索」を活用しよう！

Emi「いよいよ、実際にふたりの欲しいモノを探していくよ。いつもの買い物では、まずどんなふうに探している？」

吉田「ショッピングセンターに行って、お気に入りのお店をチェックしますね」

友廣「私は、ネットで買うことが多く、よく買うサイトで商品名を検索します」

Emi「う〜ん、ちょっと残念です(笑)！」

△

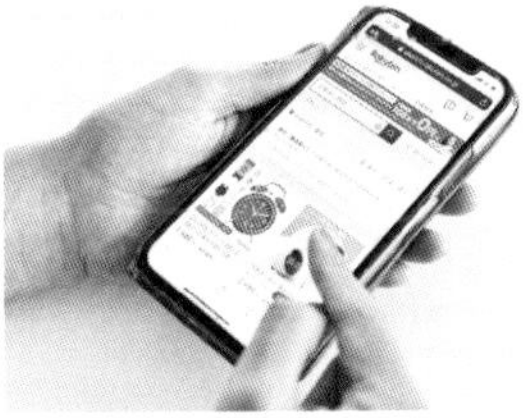

ネットショップは情報が多く、惑わされがち。

友廣・吉田「えっ、どうしてですか？」

Emi「いきなり、お店やネットショップで大量の商品を見ると、惑わされない？　シャツを探していたはずが、別のモノを買っちゃった、とか(笑)。ネットショップでは、上に出てくるのはPR商品だったりもする。それを知った上でラクに買い物するために活用するのはいいけれど、冷静に自分で判断したいなら、ひと呼吸置いたほうがいいよね」

吉田「すごく納得です……！」

Emi「私は、ショッピングサイトで買い物をする場合も、事前に一度、検索エンジンでチェックするようにしているよ。おすすめは、アイテム名を入れて画像検索をすること。試しに今、〝目覚まし時計〟を画像検索してみて」

お店を問わず一度に見られる！

友廣「いろんな商品が一度に見られますね！」

Emi「それに、画像で見るとひと目で自分のあり／なしがわかるでしょ？」

Emi
「ここから、さらに求めるモノに近づいていくよ。検索ワードにさっき選んだポイントをいくつか加えてみて」

友廣
「『目覚まし時計　白　デジタル』で検索したら、ぐっとしぼられました。表示やボタンは少なめがいいかな？」

吉田
「私は『シャツ　ポリエステル　無地　レディース』で出てきたモノを見て、襟つきがいいな、と思いました」

Emi
「探しているうちに新しいポイントが見つかるよね。そうしたら、それを検索ワードに追加するといいよ。検索力を磨けば、理想のモノにたどり着くのが早くなるはず！」

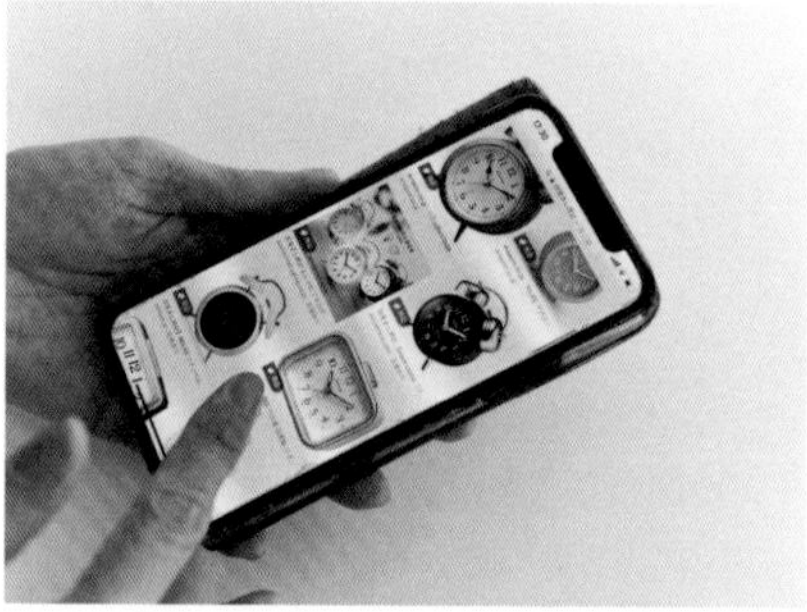
「目覚まし時計」だけで検索すると、さまざまな種類が。

←

キーワードをしぼると
こんなに変化が！

「目覚まし時計　白　デジタル」とキーワードを追加すると、好みに近いモノばかりが表示されるように！

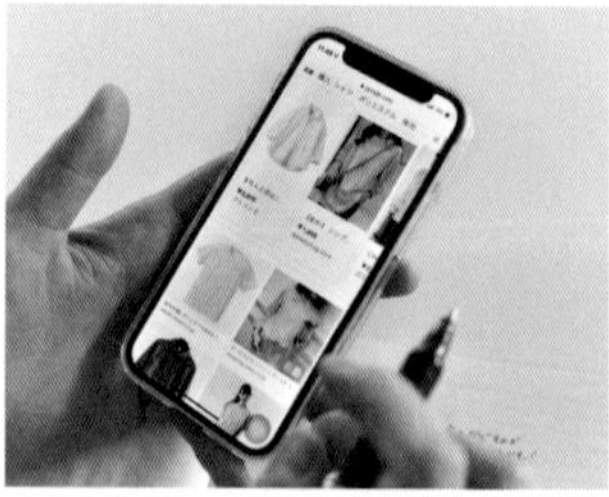
「シャツ　ポリエステル　無地　レディース」で検索。理想像が見えてきた！

友廣
「商品が定まると、気になるのが評価。ネットでは、レビューの多いモノ、いいモノを選びがちなんですが……」

Emi
「もちろん参考にするのはいいけれど、レビューの数や内容は100％正面か

レビューも
気になる……

Emi

ら受け止めないほうがいいんじゃないかな。使う人の考え方や暮らし方によって、評価は変わるものだから。私は、検索エンジンで探す段階で『ブログ』というキーワードを足すようにしている。実際に使っている人の生活スタイルも少し知った上で、商品の詳しい感想を読むことができるよ」

友廣
吉田

「なるほど〜。マネしてみます!」

Emi

「ここまできてから、購入したいお店やネットショップに行くと、自分にぴったりのモノをスムーズに見つけられると思うよ! 今回のレッスンはどうだった?」

友廣

「買い物の失敗だけでなく、成功からも学びがありました。私の場合、衝動や送料対策で余計なモノを買いがちだった点を反省……!」

Emi

「余計なモノを買うと、お金も無駄になるし、管理の手間も出てくるよね。送料は正当な出費だから削ろうとせず、必要なときに必要な分だけ買うのがいいと思っよ」

吉田

「私は、〝〇〇じゃない〟という考え方のクセがあったことにドキッ。買い物だけでなく、自分を見つめ直す機会になりました」

Emi

「そう。モノ選びって自分、仕事、暮らし……あらゆるものとつながっているんだよね。私は、子育てもそのひとつだと思う。親の買い物を、子どもは見ている。だからこそ、みんなには自信を持ってモノ選びをしてほしいな。買い物の報告を楽しみにしてるね!」

レッスンから1週間後……

レッスンの1週間後、ふたりが実際に購入したものを持って結果報告！目覚まし時計とシャツ、満足できる買い物ができたのでしょうか？

Emi
「ふたりが買ったモノ、見せて見せて！」

友廣
「先日見つけた3つのポイントを軸に画像検索をして、最終的にAmazonでこの目覚まし時計を買いました」

Emi
「購入の決め手はなんだったの？」

友廣
「探しているうちに、もともと〝スマホのアラームを使っているので、夜中に起きるとつい時刻やネットを見て寝つけなくなる〟という悩みがあったことに思いあたったんです。これは、プロジェクター機能で壁に時刻を映せるので、悩みも解消できそうだな、って」

Emi
「すごい！ そんな機能があるんだね」

友廣
「今は、ベッドの足元に置いて使っています。途中で目覚めても壁で時刻を確認できるし、起きるときは布団から出て音を止めることになるので、二度寝やネットサーフィンも防止できました」

Emi
「モノ選びで、暮らしがよりよくなったのがうれしいね。吉田さんはどう？」

Amazonで見つけた「Gifort」の時刻投影アラーム。デザイン、サイズ、値段など、すべての条件をクリア。

吉田さんが
買ったのはこれ！

ナノ・ユニバースの「楊柳《ようりゅう》オーバーシャツ」。形がベーシックな分、色で冒険したのも家族に好評だったそう。

吉田

「私は画像検索のあと、好きなブランドのアプリでしぼり込んでから買いました。ポリエステルで探していたんですが、ほかのシワになりにくい生地も調べ、楊柳《ようりゅう》生地のものに」

Emi

「新しい生地を知って幅が広がったね」

吉田

「はい。それに、事前に在庫チェックや試着予約をしてから行ったので、お店に入って5分で買えたんです！ 今までは迷って時間がなくなることが多かったのに、最速で済んだので、家族にお土産まで買えました（笑）」

Emi

「素晴らしい〜！ シャツも似合っているね。試着予約は私も知らなかったので、勉強になったな。今回の買い物も振り返りをしよう！」

よく
似合ってる！

最後に……

今回の買い物の振り返りをして終了！

友廣

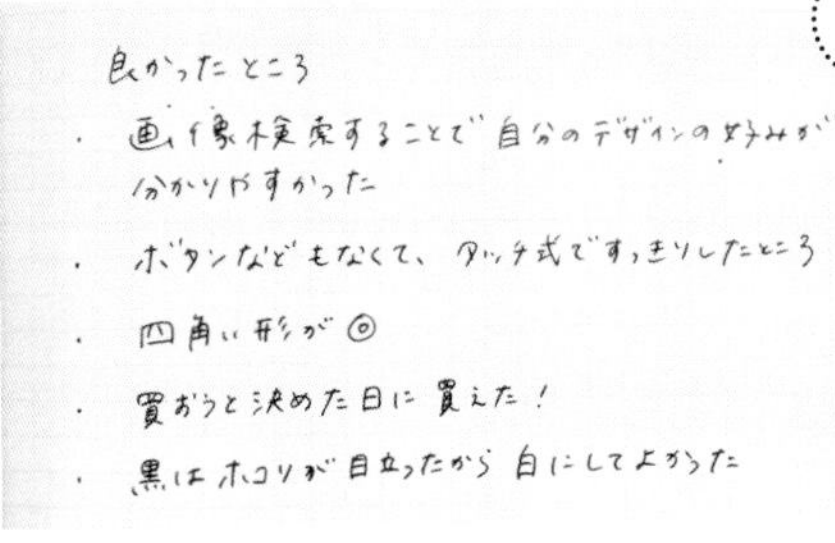

良かったところ
・画像検索することで自分のデザインの好みが分かりやすかった
・ボタンなどもなくて、タッチ式ですっきりしたところ
・四角い形が◎
・買おうと決めた日に買えた！
・黒はホコリが目立ったから白にしてよかった

吉田

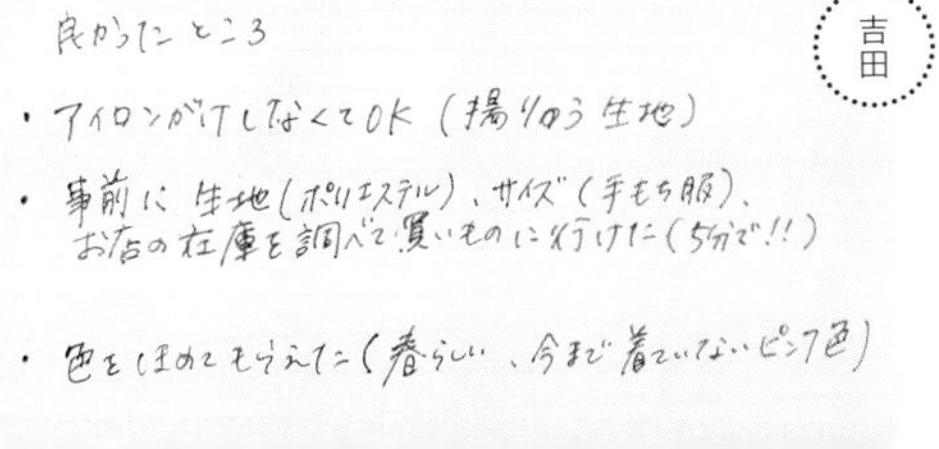

良かったところ
・アイロンがけしなくてOK（揚りゅう生地）
・事前に生地（ポリエステル）、サイズ（手もち服）、お店の在庫を調べて買いものに行けた（5分で!!）
・色をほめてもらえた（春らしい、今まで着ていないピンク色）

Emi

「ふたりともいい買い物ができてよかった！ 表情がキラキラして、モノ選びの成功が自信につながることを改めて実感したよ。モノ選びは人生で何度もすることだから、これからもいい経験を重ねて成長していきたいよね」

column

愛着いっぱいで12年。双子を乗せた自転車

12年前。双子が保育園に通うため、子ども乗せ自転車が必要になりました。お店の方に「一度にふたりを乗せるのだし電動の方がいいですよ」と言われたけれど、平坦な道なので頑張ってみます！　と普通の自転車を購入。シンプルな深いカーキの重たい自転車。双子を、前と後ろに乗せて。保育園のリュックと、おむつと、自分のバッグと、金曜日はお布団と……。あっという間に子どもたちは大きくなり、卒園する頃には、前の席には乗れないくらい大きくなっていました。

子どもを乗せることがなくなったし、新しいモノを……と探すも、なかなか希望のモノが見つかりません。改めて自分の自転車を見直すと……子ども乗せ部分をはずして黒いカゴに変えて、タイヤを取り替えてみたらどうだろう？ ついていたシールもはずしてピカピカに磨いたら、なんだか見違えるようです。愛着が湧いてきて、壊れるたびに修理をし、12年が経ちました。まだまだ現役で活躍している私の自転車です。

Part4

子どものモノ選びを サポート

子どもたちが12歳の今、モノ選びで大切にしたいこと

子どもがどんなモノを選び、
どんなお金の使い方をするかは
人生に大きくかかわってくること。
わが家では、基本的に子どもの「モノ選び」は子どもにお任せ。
その代わり、おこづかいのちょっとしたルールを決めています。
また世の中のお金の流れや
ビジネスの仕組みについても
積極的に子どもたちに伝えるように。
将来に役立ててほしいのはもちろん、
何に対しても、つくり手の視点を意識できると
受け取り方が変わってくると思うからです。

RULE 1 子どもに任せる

好きなモノがたくさん見つかれば、それは人生の宝物です。子どものうちから「好き」を見つける練習をしてほしくて、自分のモノは自分で選んでもらうようにしました。親の価値観を押し付けないように気をつけています。

鉛筆1本選ぶのも子ども自身。鉛筆の場合、ベースの80円を超える場合は、不足金額を自分で払うルール。

RULE 2 おこづかいは自分で管理

小学3年生から始めた毎月500円のおこづかい制度。計算して自分でお金を払うことで、「これは高い」「これは安い」といった感覚がついてきたようです。毎月5日までの申告制で、自分から言わないともらえません。

おこづかい帳と残額がぴったりでないともらえない仕組み。ふたりとも毎月必死で数えています！

RULE 3 予算感覚を養う「1万円生活」

おしゃれ好きの娘には、春夏・秋冬とシーズンごとに1万円の予算を渡しています。安い服をたくさん買うか、高価な一着にお金をかけるか、メリハリをつけるかは娘の自由。ノートに書き出して予算内でのやりくりを学んでいます。

自分のマイノートにイラスト付きでワードローブを書き出しています。

気持ちに寄り添う

子どもに合わせたスペースづくり

子どものスペースは、早めに「個室が欲しい！」と言い出した娘と「まだまだ家族の近くにいたい」という息子、それぞれの希望に合わせています。大切にしているのは、一度個室を持ったとしても、また戻りたくなれば戻れるように「好きなタイミングで移動できる」ということ。自分の今の気持ちに正直になることを大事にしています。

私自身は、小学3年生頃には個室がありました。タペストリーや海でひろった貝がらを飾り、自分なりの「好き」が既にあったな～と思い出します。子どもたちにも「自分が思いきり好きなモノ」を知ってほしくて、インテリアには口をはさまず、好きなモノを自由に飾ってもらっています。

「なんでもボックス」で散らかり防止

サッカー好きの息子は、プロ選手のポスターを月に一度貼り替えています。オープンボックスの横に自分で黒い収納ケースを置き、「なんでもボックス」にして、とりあえずここに放り込めばOKとしています。

息子

好きなモノを集めて自分の部屋を満喫

個室を楽しんでいる娘。最近は宝塚歌劇団のポスターを壁一面に！　今はひとりで勉強するのがさみしいそうで、デスクのみリビングに移動中。

娘

親子で一緒に！

定期的にモノを整理する

収納スペースには限りがあるので、モノの新陳代謝が欠かせません。特に子どものモノは変化が大きく、入れ替えサイクルが早いので、モノの整理は定期的に子どもと一緒に行います。

服の整理は次のシーズンが始まる前に。翌年も着るモノだけ選び、サイズアウトしたモノは手放します。

教科書とプリント類の整理は毎年度末に。1年分の教科書と残すプリントだけ「保管ボックス」に入れます。

おもちゃや雑貨類は誕生日、クリスマス、年度末と年に3回整理します。小さい頃から一緒に整理しているので、子どもも要・不要に分けるスピードが早くなってきました。この頃はひとりで整理しているのも見かけます。

1 全部出す

ひとつの収納スペースにあるモノを全部出して、選びやすいように広い場所へ移します。ハンガーにかかった服も一度出して選別を。

↓

2 「着たいもの」を選ぶ

子ども自身で要・不要に分けます。「いらない」ではなく、「いる」を選ぶのがポイント。捨てるモノを選ぶよりも、やる気がアップ！

←

3 ゆずるものをまとめる

不要になったモノやサイズアウトしたモノはまとめておき、人にゆずったり処分したりします。

↑

4 着たいものだけ戻す

いるモノだけクローゼットに戻すと、気持ち良さを感じます。子ども自身も「取り出しやすい」と感じるようです。

ルールを決める！

子どもの作品保存の仕組み

思い出がいっぱいの子どもの作品。なるべく整理して保管したいですよね。私も子どもが小さい頃はどれくらい残せばいいか迷ったことがありました。そんなとき先輩ママさんから「大きくなったら自然と気持ちが離れるから、それまではなるべく置いておいてあげたら」とアドバイスをもらったのです。

以来、わが家では1年間すべての作品をとっておき、年度末に子どもと一緒に見返すことにしています。作品はボックスやファイルに整理。109ページでも書いたように、年度末は教科書とプリントの整理も一緒に行っています。進級を控えて子どもたちがワクワクモードなので、モノの整理もイベントのようにやってます。

キングファイルSD A3E／キングジム

2穴で綴じられる大容量ファイル

保育園時の絵は、パンチで穴をあけてファイルに。大きなモノもたっぷり綴じられるように、A3の分厚いファイルを選びました。

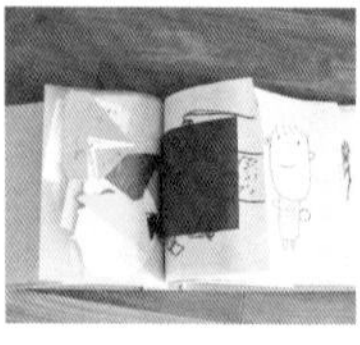

折り紙のように小さく複雑な形のモノは一度クリアファイルに入れ、ファイルに穴をあけるとすっきり綴じられます。

バンカーズボックス スタンダード／フェローズ

立体物も入れられるバンカーズボックス

立体など複雑な形の作品は「バンカーズボックス」に保存。以前からさまざまなモノの収納に活用している愛用品です。定番品なので必要になったら同じものが買い足せて、使わないときは折りたためるのがポイント。

子どももうれしい

お気に入りの絵は額装して飾る

お気に入りの絵は家に飾ることも。ただ保管するより子どもたちも喜び、自信につながります。

特にお気に入りの作品は額装すること。特別感が出るのでおすすめです。

額装後は壁に掛けたり、そのまま床に立てかけたりするだけでも雰囲気が出ます。

わが家では、玄関に息子と娘それぞれの作品を額装したモノを、廊下に季節ごとの作品などを飾っています。

小学校低学年までは、子ども用のスペースの小さな壁を作品展示用と決め、お気に入りの絵を飾っていました。

BUMERANG　スカートハンガー／イケア

形やサイズを問わず はさめるボトムハンガー

ディスプレイに活躍しているのが、木製のスカートハンガー。これにはさめば、フレームに入らない絵やダンボールに描いた変形の絵なども飾れます。リノベーション中に、絵の保管方法を考えていて思いついたアイデア。

LOMVIKEN　フレーム／イケア

台紙付きのシンプルな フレーム

子どもたちの絵も、額装するとどことなくアート風に（笑）。今は玄関に飾って楽しんでいます。イケアのフレームはパネルがプラスチック製で安全なところ、中に台紙が付いていて本格的に見えるところがお気に入り。

column

「わが家にないモノ」に息子が気づいた話

「俺んち、お風呂にイスがないって友達に言ったらびっくりされた！」と息子が言います。元はといえば、双子をお風呂に入れるときに狭すぎて始まったイスなし生活。掃除もラクだし、今でもそのままに。そう、一般的な家庭にあるモノが、わが家にはない、ということが割とあります。

　そこで息子と娘の、「古今東西！　友達の家にあるけど、うちにないモノ〜！」がはじまりました。手拍子しながら読んでくださいね(笑)。

「お風呂のイス」（パンパン）

「押入れ」（パンパン）

「排水溝のフタ」（パンパン）

「バスタオル」（パンパン）

　気づいてたんだ！　と思いながら聞いていました(笑)。

　だけど最後に、ひとつ。たまたま、わが家の今の暮らしでは「必要ない」モノだけれど、将来、家庭を持ったらそれぞれの家庭のルールをつくっていけばいいんだよ、と伝えました。各家庭のルールを見つけていくのが結婚の面白いところ、かな。わが家で育った双子は、どんな暮らしをつくっていくのかな？

Part5

みんなのモノ選び

LEE100人隊の
みなさんにアンケート

お悩みを
解決してくれたモノ、
教えてください！

私が連載させていただいている雑誌『LEE』。公式サイト『LEEweb』でブログを更新している「LEE100人隊」のみなさんに、お悩み解決に役立ったモノを見せていただきました。

No.045
まあやさん

朝ごはん、建築、アートを巡る旅が好き。点心教室主宰。家族は夫と、2歳の息子。

お悩み❶

子どもの寝室用のライトが電球タイプで、倒れたときに危なくないか心配……

取り入れたモノ

安全設計のLEDライト

「割れにくく角もない、VAVAのナイトライト。電球が露出していないし、タッチ式のスイッチなので子どもでも安心して操作できます」

「吊り下げや調光も可能で、機能面にも満足。LEDの充電式で、連続100時間も使えるので、非常用としても使えそうです」

お悩み❷

子どもが生まれてからタオルの使用回数・洗濯回数が増えた

取り入れたモノ

ガーゼ＆パイル素材のタオル

「バスタオルを、これまで使っていた厚手のモノから表ガーゼ＆裏パイル素材のモノ（KONOITO）に変えました。洗濯後もすぐ乾き、収納時もかさばらず、すっきり！」

No.080
まっつさん

心と体に心地いいことを追求する日々。家族は夫と、6歳、4歳の息子。

お悩み❶

ふたりの息子の靴下を
見分けてまとめて、
それぞれの場所に
しまうのが面倒

取り入れたモノ

きょうだいで兼用できる靴下

「2歳差で体格差もそれほど大きくない今は、靴下を兼用にすることに！　細身の兄に合わせたサイズを購入し、弟はゆったりめで着用。片づけがラクになりました」

お悩み❷

食器棚の奥行きが深く、
出し入れが大変。
使わなくなる食器も……

取り入れたモノ

奥行きの浅い本棚

「無印良品の本棚の奥行きがぴったりでした！　すべてを見渡せ、ワンアクションで出し入れができます」

TB
季絵さん

料理からおしゃれまで多彩に発信。家族は夫と、6歳の娘と2歳の息子。

お悩み❶

子どもに何度も布団をかけ直すので
布団の向きをそろえるのが面倒

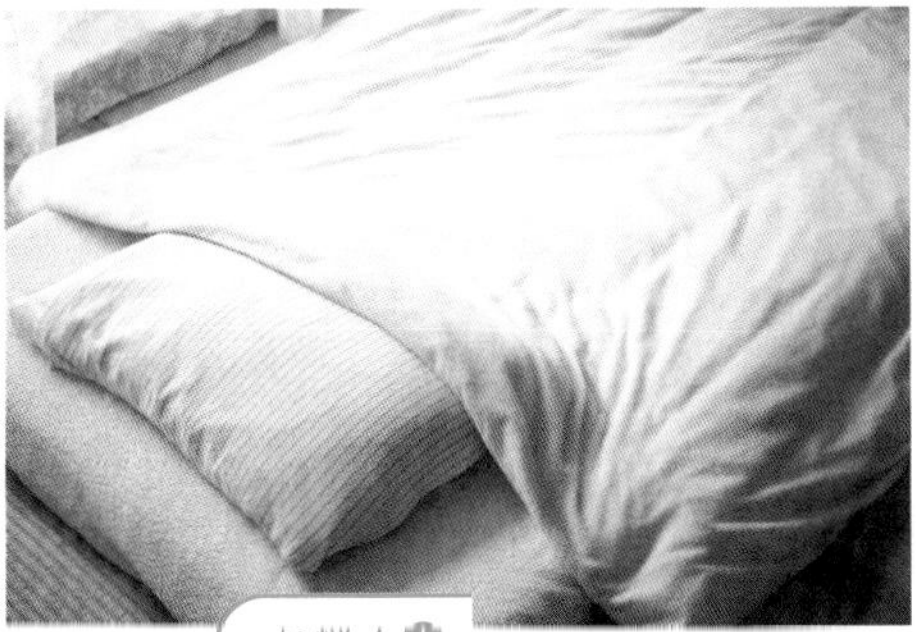

取り入れたモノ

全面パイル地の布団カバー

「掛け布団カバーを上下を気にしなくて良い、ニトリの全面パイル地のモノに。子どもがどこで寝ていても、サッと布団をかけ直せます」

お悩み❷

子どもふたりの母子手帳や診察券が
ごちゃごちゃして探しにくい

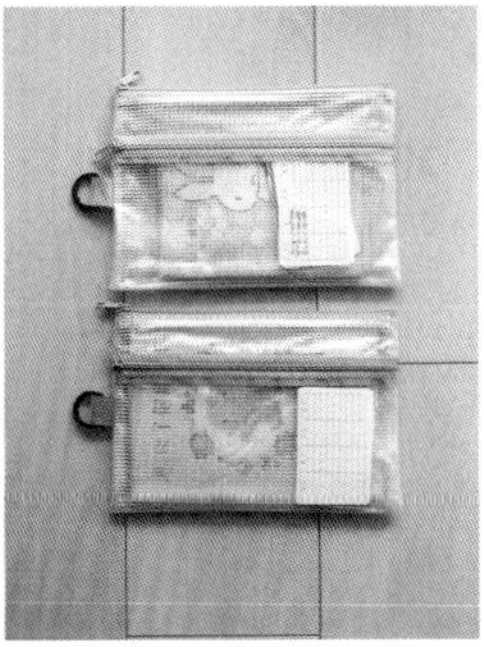

取り入れたモノ

ポケット付き クリアポーチ

「専用のケースをやめて、ダイソーのクリアポーチに母子手帳と診察券を入れることに。色分けしたのでどちらのモノか見分けやすくなりました」

※LEE100人隊のNo.は2021年8月時点のものです。

OURHOMEスタッフの“モヤモヤを解決する”モノ選び

モノ選びで、毎日の暮らしがぐっとラクに＆快適になることも！
OURHOMEスタッフの問題解決に役立ったアイテムをご紹介します。

スタッフ 山崎

商品企画担当。家族は夫と、8歳・4歳の娘。ひと目惚れで購入する買い方から、徐々に冷静な判断ができるように。

「私のモノ選びの目標は、毎日の暮らしの中で『これを買って良かった！』と思えるモノを手に入れること。以前は、見た目から入って、かわいいし何かに使えそうだから、と勢いで買ってしまうことも多かったんです。でも、OURHOMEで働き始めて、ここのオフィスのように〝必要なモノがそろっていて、適当に選んだモノはひとつもない〟空間が気持ちいいことに気づいて。今は、欲しいと思ってもひと呼吸おいて、長く使えるか、どこに置くかなどを考えてから買えるようになりました」

1 山崎さんのモノ選び

布団乾燥機で寒さと布団干しの悩みをクリア

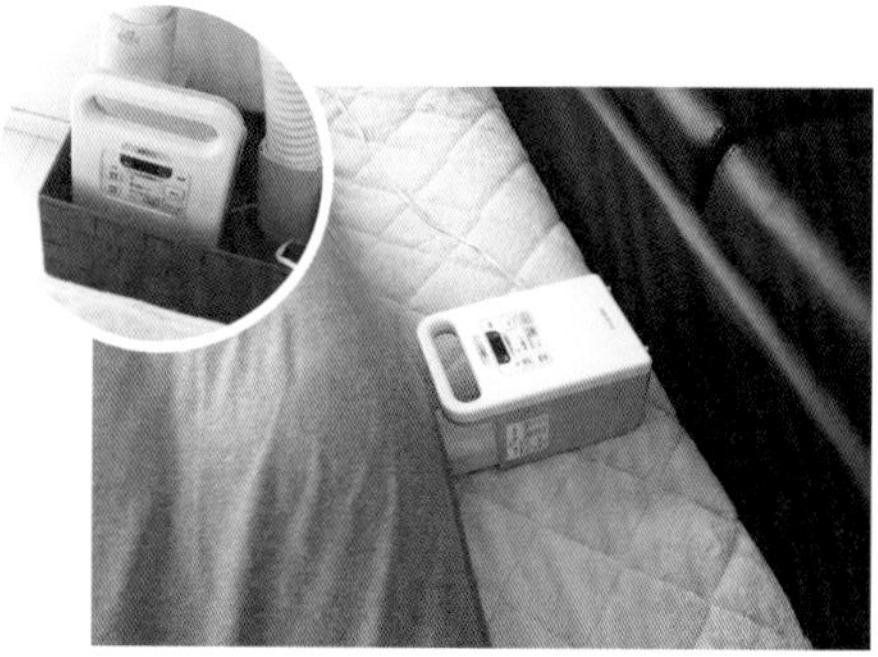

「戸建ての1階が寝室なので冬は寒く、布団を温めたくて布団乾燥機(アイリスオーヤマ)を購入。使い始めると思った以上に快適。布団を干すために3階のベランダまで布団を持ち運んでいた重労働からも、週末のたびに天気を気にしていたストレスからも解放されて大満足！ 使わないときは、ボックスに入れてベッドサイドに置いています」

2 山崎さんのモノ選び

浴槽のフタとホルダーを新調してスマート化

「ロール型のフタを使っていたのですが、場所もとるしカビも気になり……。板状のフタ(オーエ)に替え、マグネットのホルダー(山崎実業)をつけたら、扱いやすいしすっきり！」

3 山崎さんのモノ選び

水切りには食材用のざるが一台二役

「水切りカゴがあふれるようになり、追加の置き場を探していたところ、ぴったりだったのが食材用のざる。子どもの食器や細かいパーツも置きやすいので、今は2通りに使い回しています」

スタッフ 佐藤

商品企画＆よみもの担当。家族は夫と、9歳・3歳の娘。買い物はネット中心。何通りにも使えるモノを選ぶことを意識。

「私はもともと、買い物の際、理想のモノにたどり着く前に焦って妥協してしまうタイプ（笑）。失敗もたくさんしましたが、Ｅｍｉのモノ選びの方法に触れるうちに、自分なりのルールもできてきました。特に心がけているのは、なるべく専用のモノではなく、複数の使い方ができるモノを選ぶこと。そうすることで、必要なモノが出てきたときも、持っているモノでカバーできるように。最近は、新しいモノを買う場合も、その後の生活を想像してから選べるようになってきたかも、と感じています」

1 佐藤さんのモノ選び

散在していた 大量の〝飲み物〟を モノ選びの工夫で すべてキッチンへ！

「ペットボトルの水と炭酸水、紙パックのアイスコーヒーなどを定期的に箱買いしていたわが家。かさばるので和室や玄関にも置くことになり、取りに行くのが大変でした。Emiに収納を相談したところ、『モノ選びで解決できるよ！』と。水はシンク下に入る10ℓボックス（写真 右）、アイスコーヒーは水出し用パックに替え（写真 中）、炭酸水は炭酸水メーカーを買ってつくることに（写真 左）。すべてキッチンに収まり、購入頻度もゴミも減りました」

2 佐藤さんのモノ選び

かさばるゴミに ぴったりの 分別用バッグ

「プラとペットボトル用のゴミ箱を探していてピンときたのが、衣類を入れていたイケアの分別用バッグ。軽くて丈夫でやわらかく、かさばるゴミも捨てやすくて大正解でした！」

3 佐藤さんのモノ選び

アウトドア用の テーブルを 在宅デスクに

「在宅ワークが増え、アウトドアで使っていたテーブルとイスを仕事用に。テーブルは高さを変えられるモノを選んでおいたのがよかったです。気軽に置き場所を変えられるのもポイント」

スタッフ　丸中

デザイン担当。家族は夫と、9歳・6歳の娘。ひとりで抱えこみがちだったモノ選びも、家族と共有できるように。

「以前は、『家事をやるのも、家のモノを選ぶのも家族に頼らず自分で』と肩に力が入っていた私。でも、OURHOMEで働き始めてからは、Emiやほかのスタッフに影響を受け、だんだん家族と協力や相談ができるようになりました。モノを選ぶときも、夫や娘たちの意見を聞いてから買ったり、まずひとつを手に入れてみんなで試してから人数分買ったりするように。ひとりで悩み、必要以上のモノを買ってしまっていた頃に比べると、買い物の頻度も失敗の回数も減ってきたように思います」

1 丸中さんのモノ選び

ドライヤーホルダーを設置して家族も片づけやすい仕組みに

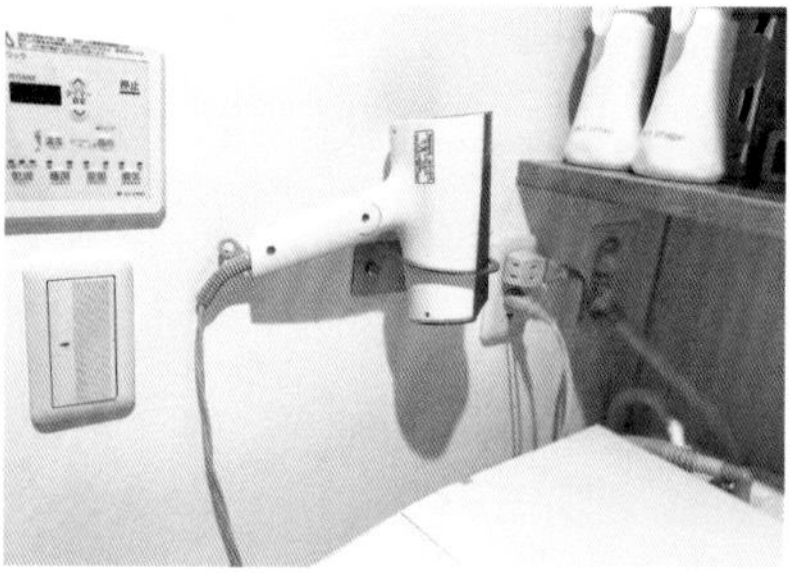

「ドライヤーは引き出しに収納していたのですが、夫の使用後は洗濯機の上に置きっぱなしで、毎日、私が片づけていました。改善策を考え、洗濯機の近くにドライヤーホルダー（Loople）をつけてみることに。夫も2回に1回はここに差してくれるし、放置されても私が簡単に片づけられる。どちらにとってもいい方法が見つかりました」

2 丸中さんのモノ選び

自分用に買ったナイトキャップが娘たちにも大ヒット

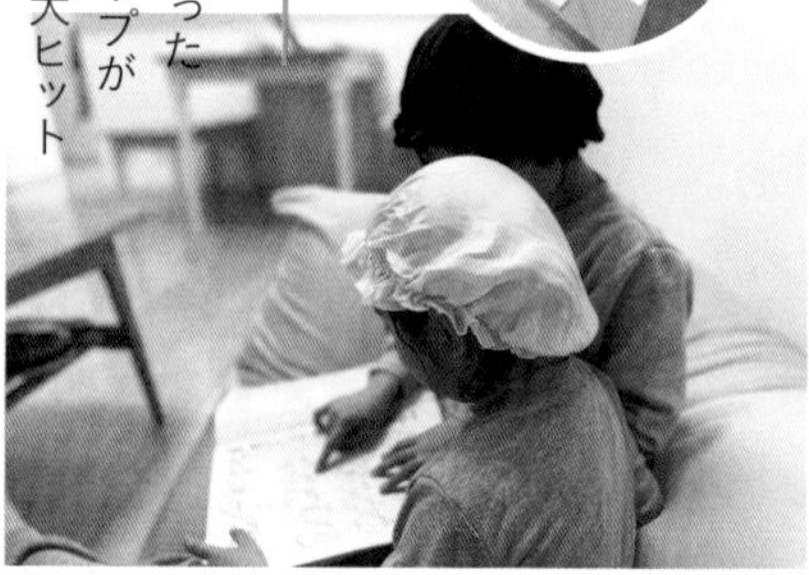

「自分の髪のツヤを取り戻そうと買った、ナイトキャップ（カラダノミライ自然通販）。娘たちも興味を示すので、交代で使ってみたんです。ふたりとも髪が細くて長いのでからまりやすかったんですが、これをかぶって寝ると翌朝もサラサラ！　追加購入して、身だしなみ用品のコーナーへ収納」

3 丸中さんのモノ選び

非接触体温計で毎朝のルーティンの効率をUP

「これまで使っていた脇に挟むタイプの体温計は、次女には使うのが難しく、たびたびエラーが。少し高価かも……と迷いましたが、朝の数分は貴重なので、思い切って非接触タイプを購入。子どもにも使いやすく、ふたりで検温を済ませてくれるので助かっています」

「今回気づいたのが、私が普段持ち歩いているモノは、ほとんどがコンパクトサイズだということ。無意識のうちに、愛用のミニバッグに収まるモノを選んでいたようです(笑)。家で使うモノに関しては、昔は『全部きちんとしまわないと！』と思い込み、結局それができず、ストレスを感じてしまっていました。でも、Ｅｍｉの家事や収納に対する考え方を知り、今は〝必要な機能〟と〝出しっぱなしでもＯＫのデザイン〟を備えた、自分にとってちょうどいいモノを探せるようになった気がします」

スタッフ **大地**

レッスン＆ショップ担当。家族は夫と、13歳の双子の娘。収納は完璧を求めるのをやめ、“70点で充分！”と設定。

1 大地さんのモノ選び

毎日持ち歩くものは ミニバッグに収まる コンパクトサイズ

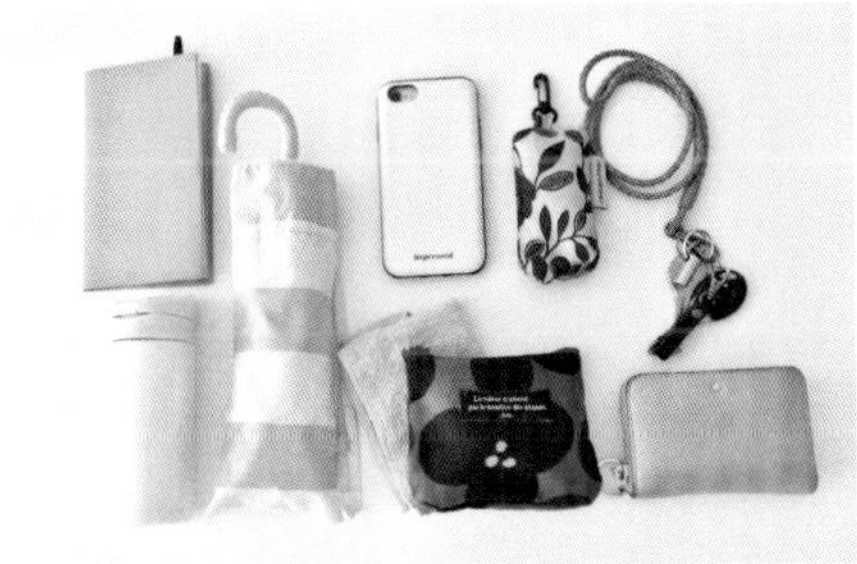

「双子の娘たちが小さかった頃はいつも大荷物で行動していましたが、成長とともに中身が激減。ふたりのモノを持つ必要がなくなった今は、荷物を軽くしたくて、バッグも小さめのモノを使っています。中に入れるモノも、自然とコンパクトなサイズに」

2 大地さんのモノ選び

スチームアイロンは 出しっぱなしにできる デザインのものを

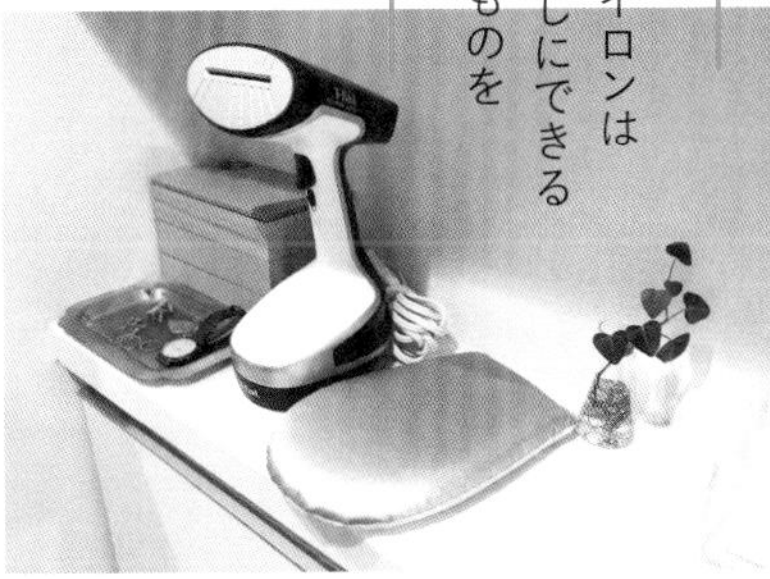

「以前は、使うたびにアイロンと台を出したり片づけたりしていたのですが、億劫で。スチームアイロン(T-fal)を買う際、出しっぱなしでも気にならないモノを選びました。必要なときにミトンを出し入れするだけなので、ハードルが下がりアイロンがけがラクに」

3 大地さんのモノ選び

多機能両面テープで 洗面所のアイテムを 空中収納

「もともと洗面所では、歯ブラシや掃除グッズを浮かせて収納していました。でも、まだ直置きのモノもあり、SNSで目にした多機能両面テープを試してみることに。ハンドソープと化粧品も浮かせられるようになり、さらに掃除がしやすくなりました」

スタッフ 竹中

お客様担当。家族は夫と、9歳・6歳の娘。健康的な生活スタイル。

スタッフ 上垣内

よみもの＆お客様担当。家族は夫と、9歳の息子と6歳の娘。移動多め。

スタッフ 大地

レッスン＆ショップ担当。家族は夫と、13歳の双子の娘。小荷物派。

スタッフ 佐藤

商品企画＆よみもの担当。家族は夫と、9歳・3歳の娘。コーヒー好き。

Emi

Emi & OURHOMEスタッフ座談会

こだわり満載の水筒選びについて聞きました！

同じアイテムを選ぶにも、その基準は人それぞれ。ここでは、ＯＵＲＨＯＭＥスタッフが出勤時に持ってくることが多い水筒について聞きました。５人が愛用している水筒の特徴から、それぞれのモノ選びのルールが明らかに！

わが家の水筒は同じメーカーでそろえているよ！

Emi

Emi

「今、わが家にある水筒は、500mℓと1ℓのものが3つずつ。すべて、保温・保冷機能が高くてパーツ販売も充実している、サーモスで統一しているよ。家族で同じものを使うと、パッキンを共有できるから準備がラク！」

大地

「なるほど〜、これまでパッキンについて考えたことがなかったです。いつも、私が家族の水筒に合わせてパッキ

サーモス 真空断熱ケータイマグ（JNLシリーズ）0.5L／サーモス

大地

ンをセットしていたけれど、全部同じなら子どもにも任せられるかも！」

Emi

「パッキンだけじゃなく、フタや本体も共有できるメリットがあるよ。たとえばひとつフタが壊れても、別のフタと組み合わせて使えたり」

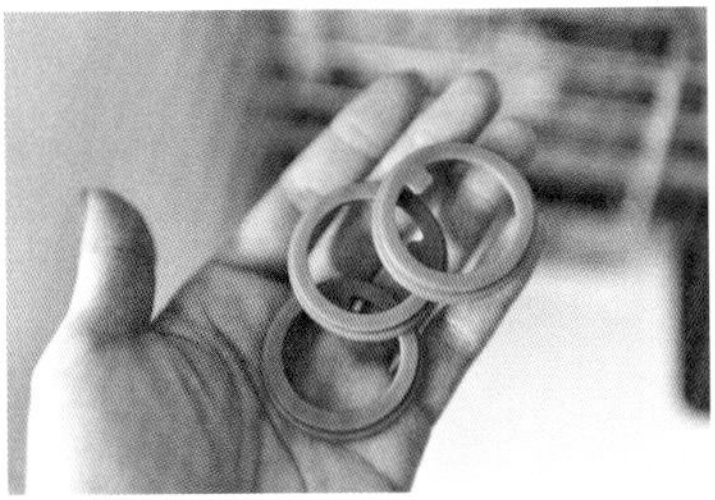

同じサイズの水筒はパッキンも共通なので、パッと手に取ったものを付ければOK！

上垣内

「私も、子どもがもう少し成長して同じものを使えるようになったら、家族全員でそろえたくなりました」

Emi

「ちなみに、収納するときは、本体とフタをばらしてしまっていて。本体が完全に乾いてなくてもそれほど気にならないし、中身を入れるときにフタを開ける手間が省けるから。……面倒くさがりならではの発想なんだけど(笑)」

竹中

「すごい！　そのちょっとした時短の積み重ねが毎日の余裕を生むんですね」

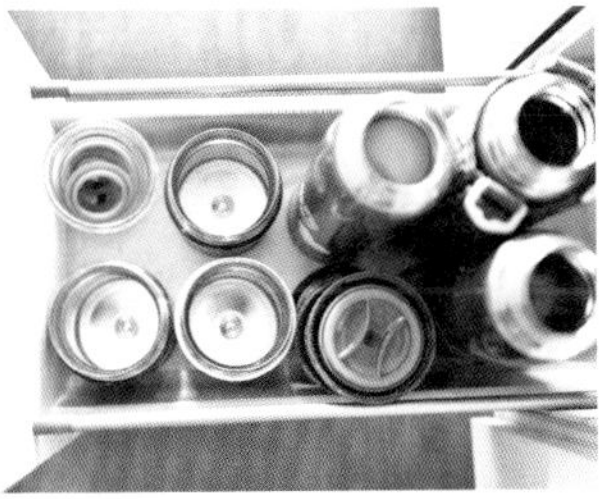

キッチンの引き出しのひとつを水筒入れに。フタは外し、重ねて収納。

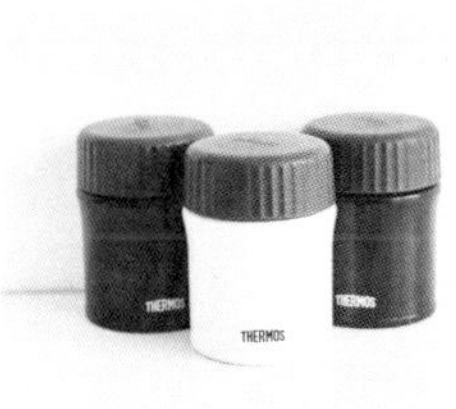

サーモスのスープジャーも同じものを3つ。温かい汁物以外を入れることも。

私は簡単に付け外しできる「パッキンがひとつの水筒」を使っています

佐藤

佐藤

「私は、毎日大好きなコーヒーを持参。使っている水筒は、大きなパッキンがひとつだけ付いているタイプです。取り外しが簡単なので、子どもの水筒を買うときも同様のモノを探しました」

ステンレス ワンタッチマグボトル 500ml／ドウシシャ

上垣内「佐藤さんは、毎朝の支度が速いですよね。ここに秘密があるのかも(笑)」

佐藤「そうかな(笑)。本体が白で、バッグの中で目立つのもポイント。OURHOMEのトートバッグを使うときは、内ポケットに立てて入れているよ」

Emi「水筒専用じゃないポケットを自分流に使っているのが、すごくいいね！」

こぼれたときに備えて、内ポケットを水筒ホルダー風に。

飲みたい量が一目瞭然の「見える水筒」がお気に入り！

竹中

UPPLADDA　インフュージョンボトル ストロー付き／イケア

竹中「私は、1日1ℓの水を飲もうと思っているので、出勤用にも容量７００㎖と大きめのモノを選びました。これなら、透明で中身がひと目でわかるから、飲み残すこともないんです」

大地「さすが、ヘルシー志向の竹中さん！」

竹中「もともと、ストロータイプも好きなんですよね。口紅が取れにくいから」

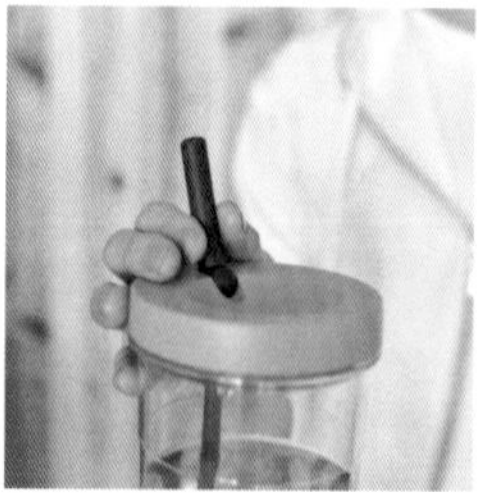

ストローは、普段はスプレーで洗浄。気になるときは専用のスポンジで洗っているそう。

Emi「一見、洗うのが大変そうだけど、竹中さんには魅力のほうが大きいんだね」

取っ手つきの「持ち運べる水筒」にしました

上垣内

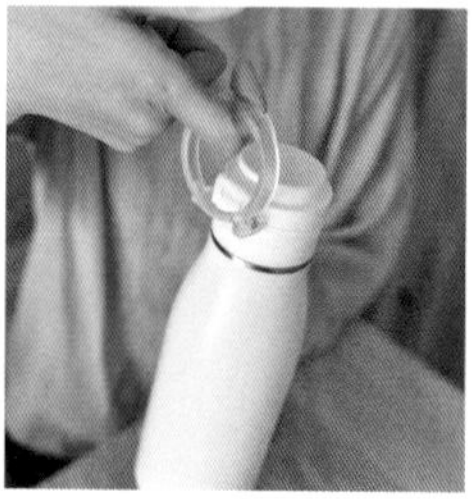

TRAVELER17 0.5L／タケヤフラスク

上垣内

「私の水筒には、たためる取っ手が付いているんです。仕事中、オフィスやアトリエへ移動することが多いんですが、指に引っ掛けて持ち運びできるのがすごく便利！　バスに乗ったときも、手すりにフックで掛けられました」

Emi

「そうか〜、車やベビーカーにも掛けられるね。洗ったあとも吊り下げて干せるから、清潔に乾かせそう！」

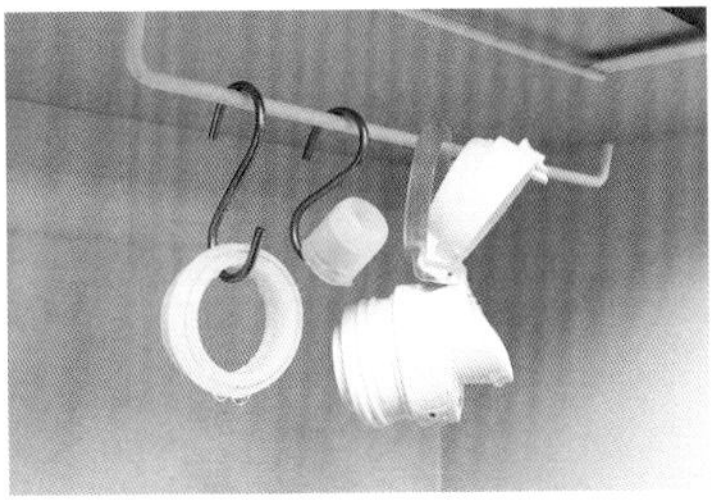

フタは取っ手を使い、ふたつのパッキンは外してフックに引っ掛けることで、空中乾燥。

愛用のバッグに入る「コンパクトな水筒」を使っています

大地

お茶ボトル　ペルレ／シービージャパン

大地

「私の水筒は、３５５㎖とコンパクト。愛用の小さめバッグにちょうど収まるんです。子どもたちが中学生になり、公園遊びに付き合うことも減ったので、今はこのサイズで充分かなって」

Emi

「大地さんは、バッグも財布も手帳もミニサイズだよね。世の中のミニマム化ブームの先駆け的存在(笑)!?」

愛用のOURHOMEのミニトートに、すっぽり入るサイズ。

佐藤

「水筒ひとつとっても、重視するポイントが全員違っていて面白いですね」

Emi

「本当！　モノ選びから、みんなの人生観が見えてくる。生活や環境は人それぞれだから、自分のルールで納得できるモノを見つけられるといいよね」

まさかまさか！

子猫chami《ちゃみ》との暮らしがはじまりました。

本書の撮影が終わったあと、思わぬ出会いがあり、子猫を迎えることに！ 一緒に暮らして1週間の今のアイテム選びを緊急レポート。

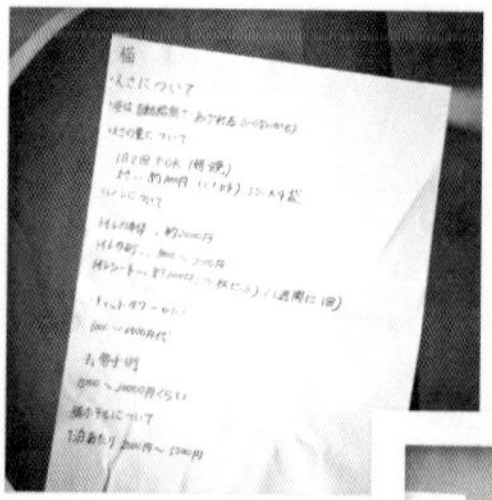

上／娘による説得のためのプレゼン資料。下／リビングにあった子どものおもちゃは厳選して移動。オープンボックスはchamiのお昼寝場所になっています。

1週間前、わが家に迎えた生後3ヶ月の子猫。名前はchami（ちゃみ）といいます。

娘が「いつか」と望んでいた犬や猫との暮らし。急展開を迎えたのは、chamiとの出会いでした。翌日、娘が真剣な顔でプレゼン資料を作成！ 費用が細かく書かれていて本気を感じました。命にかかわることなので気軽には受け入れられません。でも、娘の気持ちと子猫のかわいさで……最後は夫が「よし、飼おう！」と。

chamiを迎えてからは生活が一変！ 誤飲しないか、夜はさみしくないかと心配なことがたくさんあり、初日は私が眠れず（笑）。アイテムはいろんなものを焦って買わず、まずはあるモノで試しつつ、調べたり考えたりしながら選んでいます。あれこれ探すのも楽しい日々です。

(chami用のモノ選び)

**キャリー代わりに
たためるバスケット+カゴ**

洗濯ネットとカゴがキャリー代わりになると知り、メッシュのバスケット(無印良品)を購入。上をしっかり留めてカゴバッグに入れて。

**ネットで調べて
夫が合計1500円でケージを作製**

子猫には必要とされているケージ。でも猫友の大半は「いらなくなるよ〜」と。必要か判断するためにも、パネルと結束バンドでDIY。

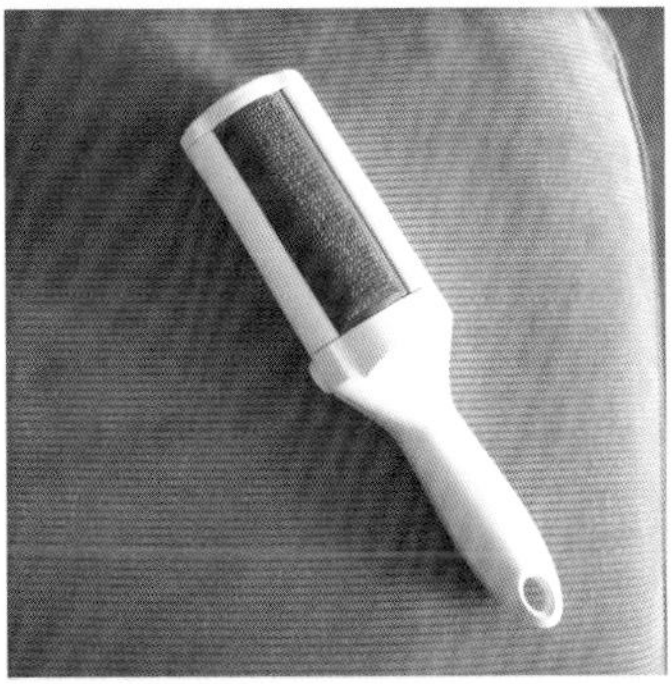

**よく取れてびっくり!
毛とりブラシ**

猫の毛を取るエチケットブラシを購入。日本シールの「ベストトレッサー」は中身だけ捨てられ、テープの替えもいらずエコです。

**家にあった透明容器を
キャットフード入れに**

キャットフード入れは、自宅にあったiwakiの保存容器を使用。透明で中身が見えるので管理がしやすく、密閉もできていい感じ。

おわりに

「誰かに言いたくなるようなモノに巡り会えた時の喜びってあるよね！」と友達に話していたら、「私は買い物で大満足！　って経験があまりないんよね〜。すごく悪いモノじゃなかったら、それでいいかなって思ってる」と聞いてびっくり！　深掘りしていくと……

・新婚時、洗えない重いカーペットで失敗した経験から、今は手軽なラグが〝ちょうどいい〟

・子育て中で動き回るので、落としやすいアクセサリーは２０００円以内が〝ちょうどいい〟

など、自分なりの買い物のルールをたくさん持っていたんです。その引き出しに気づいていなかっただけ。私にルールなんかない、と思っている方も実は「答えは自分の中にある」んだと思います。

　そんな私は、ちょうど今から5年前に『わたしがラクするモノ選び』を出版しました。あの頃は双子育児と家事と仕事で手一杯。家電に頼り、使い捨てアイテムを選び、とにかく自分の「ラク」が最優先でした。時が経ち、子どもたちも12歳に。子どもの成長とともに、だんだん私の時間も増えていき、「私がラクをしたい」から「少し手間をとっても、環境に気をつかえる大人になりたい」など新しい気持ちも芽生えたこの頃です。気持ちにも余裕ができたからか、子猫との暮らしもスタート！　収納の仕方、アイテム選びもまた変わってきそうな予感です。

「暮らしが変われば、モノ選びのルールも変わっていく」

ルールは変わるものの、わが家にとって、真ん中の考え方はずっと一緒です。私のひとりよがりではなく、家族で相談しながら決めていく。そのほうがずっと楽しい！　モノ選びは人生につながっている。どんなモノを選び、どんなふうに使っていくか。家族でその時々に〝ちょうどいい〟モノを選び、楽しみながら人生を過ごしていけたらと思います。

最後に、17冊目となる本のきっかけをくださった『ＬＥＥ』の担当編集喜多さん、ライター藤本さん、書籍編集の佐藤さん、いつも支えてくれる編集ライターの杉本さん、カメラマン仲尾さん、デザイナー葉田さん、応援してくださる読者のみなさまに感謝して。

２０２１年８月　Ｅｍｉ

撮影　仲尾知泰
デザイン　葉田いづみ
イラスト　須山奈津希
写真提供　Emi　OURHOME
LEE100人隊取材ご協力者のみなさま
編集協力　杉本透子
ライティング　Emi
杉本透子
藤本幸授美

本書は書下ろしです。

一部、雑誌『LEE』連載「わたしの〝ちょうどいい〟モノ選び」（2019年1月号〜12月号）を流用し再構成しています。

わたしの〝ちょうどいい〟モノ選《えら》び

買《か》い物《もの》がラクになるマイルールの見《み》つけかた

2021年8月10日　第1刷発行

著　者　Emi《エミ》
発行者　樋口尚也
発行所　株式会社　集英社
〒101-8050
東京都千代田区一ツ橋2―5―10
電話　編集部　03-3230-6141
読者係　03-3230-6080
販売部　03-3230-6393
（書店専用）
印刷所　大日本印刷株式会社
製本所　加藤製本株式会社

ISBN978-4-08-781702-7　C2077

shop list

アイリスオーヤマ お客様サポート
0120-211-299
ACTIVE WINNER　050-5809-7030
アジュバンコスメジャパン
www.adjuvant.co.jp
東谷 商品部　www.azumaya-kk.com
OURHOME　ourhome305.com
イケア・ジャパン カスタマーサポートセンター
0570-01-3900
UCHINO TOWEL GALLERY
www.uchino.co.jp
エコンフォートハウス　www.eoct.co.jp/shop
貝印 お客様相談室　0120-016-410
家具工房　雉子舎　www.kijiya-fc.com
キッカーランドジャパン　03-5724-7014
サーモス お客様相談室　0570-066966
セブン＆アイ・ホールディングス 代表
03-6238-3000
ディー・プラスイーマーケット
demarket.shop
東急スポーツオアシス
shop.sportsoasis.co.jp
野田琺瑯　www.nodahoro.com
パナソニック アイロン／衣類スチーマー
ご紹介ページ　panasonic.jp/iron
ビアレッティ　bialetti.jp
無印良品 銀座　03-3538-1311
MOMO NATURAL　momo-natural.co.jp
森田アルミ工業　072-480-1400
山崎産業　0120-530-743
ラッセルホブス　russellhobbs.jp
ランドポート（CARRY THE SUN）
carrythesun.jp
リンナイ　rinnai.jp
レコルト　recolte-jp.com
ワークマン　www.workman.co.jp

※本書に記載されている情報は2021年8月時点のものです。また、掲載されている物・衣服はすべて著者の私物です。現在は入手できないものもありますので、あらかじめご了承ください。